跟着科学家爸爸做实验

[英]阿洛姆·沙哈/著　[英]艾米丽·罗伯逊/绘
胡良/译

電子工業出版社
Publishing House of Electronics Industry
北京·BEIJING

我是这样成为科学家的！

妈妈曾经给我买过一架电动直升飞机，亮黄色的机身，白色的螺旋桨。拨动红色开关后，直升机的螺旋桨便开始旋转。这架玩具飞机其实是很便宜的塑料制品，桨叶十分轻薄，甚至飞不起来，但它足以让我激动不已，因为那时的我刚刚从孟加拉国的一个没有自来水和高压电的偏僻小村庄来到英国。

在当时，家里能给我买这样一个宝贝玩具，是十分难得的。那天，我满心欢喜地走回家。到家后，我迫不及待地把直升机从盒子里拿出来，结果刚玩了几分钟，一片螺旋桨叶就被我折断了。

我试着用强力胶把那片桨叶粘回去，但没有成功，看来强力胶只是徒有虚名。最后，我只好用胶带把断叶缠绑上，不过样子特别难看。更让人无法接受的是，当螺旋桨开始旋转时，被缠绑着的断叶一直抖动不止。我气急败坏地把直升机摔到了地上。接着，在满地碎片中，我发现了一个还可以玩的零件——电机。

电机是一个银色的金属圆筒，一端扁平，另一端伸出一段主轴。它通过一些塑料齿轮驱动这架玩具飞机的螺旋桨。而我最感兴趣的是电机里面的简单电路：为了供电，必须有一个完整的电路——一条电流从电池到设备，再回到电池的完整路径。现在，上了小学的孩子们都会学到这些知识。

拆解电机是一项颇具挑战性的工作：先把电机顶到墙上，然后用螺丝刀把电机外壳撬开，接着，会看到两个光滑弯曲的磁铁，以及一块周身缠绕着闪闪发亮的细铜丝的异形金属。这样的结果让我再度兴奋不已，当然，仅仅这些内部器件并不能完全揭开电机工作的秘密。

读到这里，也许你会认为，我想通过这样一个故事表明自己是一个天生好奇的孩子，后来经过一系列探索揭开了一些科学的秘密，自然而然地成长为一名杰出的科学家。事实上，我的成长故事并不是这样的。

其实，我与大多数的孩子一样，好奇又顽皮，常常为大千世界的神奇而惊叹、沉思和追问。但这些还不足以让一个孩子成长为科学家，甚至不足以使他长期科学地观察和思考世界。我所学到的真正的科学技能和知识都要归功于我的科学老师，他们教我像科学家那样去观察和思考。当然，并不是每个人都能够幸运地遇到这样的好老师。

我的科学老师约克先生帮我揭开了电机运转的秘密。他先把一根长长的包有绝缘外皮的电线连接到电源正负极上，然后把电线放在一大块强力磁铁上，电线的绝缘外皮隔开了导电芯丝和磁铁，二者没有直接接触，显然不会产生电流。但当约克先生轻轻打开电源开关时，电线竟然跳了起来。记忆中，我被这一幕惊呆了，仿佛看到了神奇的魔法。后来我终于明白，那就是电机的工作原理，有电流通过的电线具有了磁性，与磁铁相互作用，产生了运动。

约克先生在教学中运用了一种神奇有效的技巧——演示。这在给学生们带来快乐和惊讶的同时，也激发了他们的好奇心。后来，我成为科学老师，也喜欢用有趣且非常具有震撼性的演示来吸引学生。我认为这是科学家思考和行动的第一步——**观察**，比平常人更仔细地观察世界；然后是**疑问**，问一些好的问题；最后是**做实验**。这样，你就在“做科学”了。教孩子们的时候，我常常把这些总结为“看”“问”“做”三个字。本书所有的实验都可以锻炼和增强孩子们的这些技能。

在这本书里，我选择了一些有趣、易做的实验，但内容上尽可能包含更多的真正科学研究实验中涉及的关键问题。

现在的你不懂多少科学知识也没有关系，跟着本书做实验、多思考，你很快就会成为“小科学家”。

你也可以成为科学家！

你可以按照自己喜欢的方式阅读这本书，不必拘泥于从头开始读，选择“喜欢的实验”，看着说明一步一步地去做就好。在这本书中，我尽力引导读者像科学家那样思考问题、解决问题，主要包括：

●每个实验都是从**尝试或构建**一些东西开始的。按照说明一步步做下去，仔细观察所有的变化，尝试**预测**后面可能发生的事情。

●思考已经发生或正在发生的事情。

如果实验中稍微变化一下，想想会带来什么影响，为什么会这样？

（后面的章节会有一个表格，提供了许多想法，可以参考。）

●**勇敢尝试你自己的想法。**没有人能够知道实验中会发生的所有事情，所以你应该大胆尝试自己的想法。

记录

科学家做实验的时候，都会做详细的记录，不仅仅是证明自己完成了实验，更重要的是可以回溯查验实验过程，这样有助于确认重要发现并与他人分享。下面是一些常用的记录方法：

安全第一！

有些实验中需要用到火或者可能具有潜在危险成分的材料，请务必注意说明文字前面的**警示符号！**

只要你足够谨慎，必要时请大人帮忙，就不会有任何危险。无论什么时候，和别人一起做实验都会更加有趣。

家长须知

如果你计划带孩子一起做实验，建议**提前阅读实验说明**，这样你才能最大程度地引导孩子从中获益。

如果时间允许，强烈建议你提前**试用实验活动所需的材料**，这样你就可以利用它们最大限度地激发孩子们的好奇心。

最重要的是，请**充分利用书中给出的每一个问题**，引导孩子在做实验时既动手又用脑。

熟能生巧

即使你有艺术、音乐或写作等方面的天赋，也需要不懈练习才能成为真正的“专家”。同样，渴望了解世界运转的秘密的孩子也需要支持才能成长为真正的科学家。

本书的目标读者不仅是孩子，也是那些生活中陪伴孩子的家长，希望可以帮助他们做好孩子的“**科学引路人**”。本书所有的实验，充满帮助读者成为“专家”的神奇想法和便捷做法，引导孩子们感受和敬畏大千世界的神奇，鼓励他们多问多做，并最终掌握科学知识和实验技能。

“我不知道”的神秘力量

如果有人向你请教问题，而你不知道如何回答，这时你可能会很尴尬。但我希望你不会受到这种不良情绪的影响，反而可以借此激励自己通过科学实验找到正确答案。

人类学家

克洛德·列维-斯特劳斯

（《神话学：生食和熟食》的作者）

“我不知道”其实是把神秘的钥匙。面对“我不知道”，正确的解锁方式是“以问题为起点，通过合理的方式找到正确答案”。我希望你能够拥有“**我不知道**”这把神秘钥匙。

这里有一个神奇的妙招，能够帮你把“我不知道”的尴尬扭转为“我知道”的愉快体验，那就是在“我不知道”后再追问自己一句**“如何才能找到正确答案”**。请参照以下表格，希望对你有帮助。

如何判断实验中将可能出现的关键变化?
如何记录在实验中判断出的关键变化?
接下来会发生什么? 如果添加新的实验材料，会发生什么变化?
如果把时间延长/缩短，会发生什么变化? 如果重复做一次，结果是否会有不同?
书中提示下一步要做什么? 在实验中如何用这个材料?
我先做了什么? 又做了什么? 我是否很好地按照步骤完成实验，并达到了预期目标?
做实验的时候发生了什么? 我看到了什么? 有没有让人很惊讶?
怎样才能把实验材料变大/变长/变重，或者实验加快? 还能做什么变化? 是否每次变化只更改一项内容?
哪个实验更快/更慢，或者实验结果更大/更长/更重? 哪个实验用时最长? 哪个实验声音最大?
还要多长时间? 一共用了多长时间?
这个实验材料为什么移动? 那个实验材料为什么不下沉?
这个实验材料为什么倒下得更快? 那个实验材料怎么变大的? 我为什么这样认为?

科学家不是会给你正确答案的人，而是会告诉你如何去问正确问题的人。

目录

运动

每时每刻，一切都在运动。即使你站着不动，你体内的血液也在动脉和静脉里流动，气体在细胞间交换，身体的每个原子都在不停地振动。

我们生活的地球绕着地轴不停地自转，每天一圈；同时绕太阳公转，每年一圈。星星在遥远的空间里运动，它们散发出的光经过漫漫长路飞向我们。运动是存在的本质，绝对的静止是不存在的。

我们知悉一切事物（如苹果自由落地、冰受热融化等）的科学理论和模型都依赖于科学地描述和解释它的运动。从宏大星系中天体的运动到微观分子的周期振动，科学活动的核心就是研究物质的运动。

本章实验将引导你去探索和发现一些运动学的基本规律。

薯片筒弹射器

与用手投掷东西相比，利用弹射器发射东西更能令人感到兴奋。一个好的弹射器能够更快速、更精确地完成发射任务。

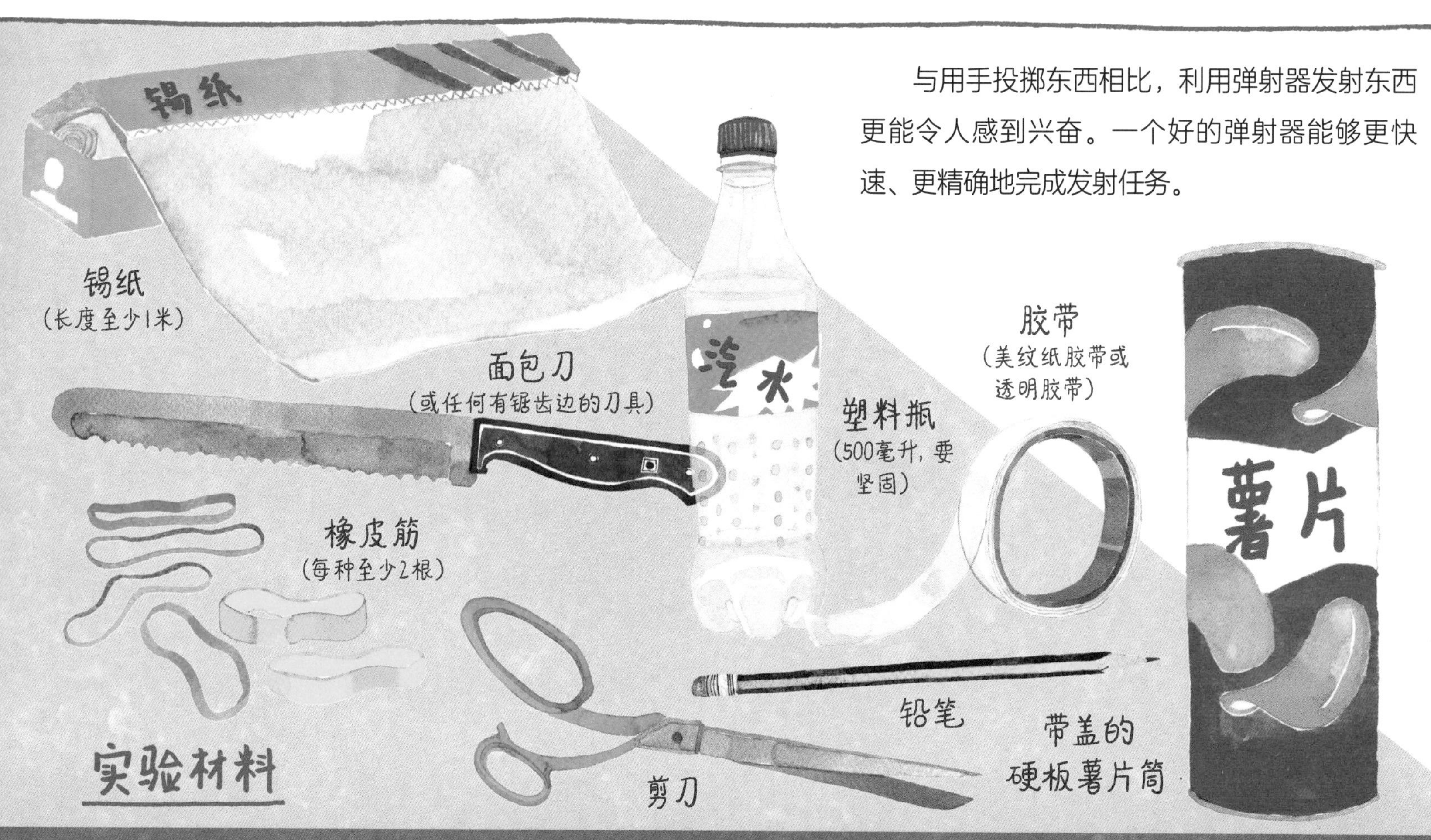

实验步骤

1. 用面包刀切掉薯片筒底部。事实证明，使用面包刀能够快速、轻松地完成切割。

2. 从薯片筒底端的开口处向下切两条长约2厘米的细缝，细缝之间宽约1厘米，在两条缝的对面再切同样的两条细缝，这样就会切出两个长2厘米、宽1厘米的硬板块。

3. 在两个硬板块上分别套一根橡皮筋。

4. 用胶带固定橡皮筋。最好用胶带缠绕两圈以上。

5. 小心拿好剪刀，用刀尖在塑料瓶靠上的1/3处扎两个相对的洞，洞的大小以可以插进铅笔为准。

6. 把铅笔从洞里穿过去，两端都露出一截，且露出的长度差不多相等。

7. 把塑料瓶下端放进薯片筒里，每根橡皮筋挂在同侧的铅笔上。

下一页>>

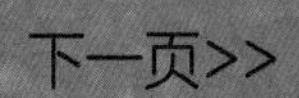

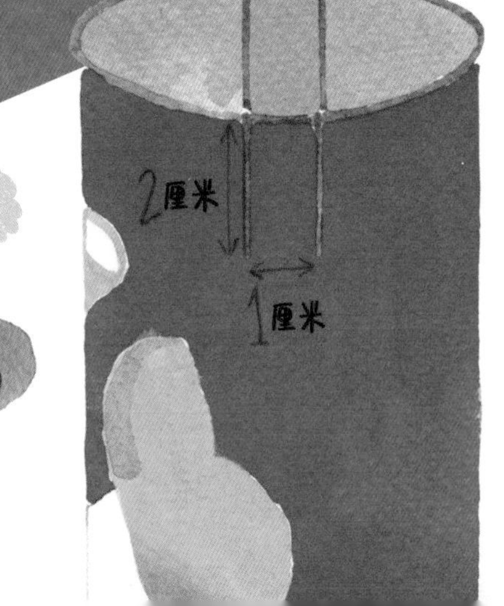

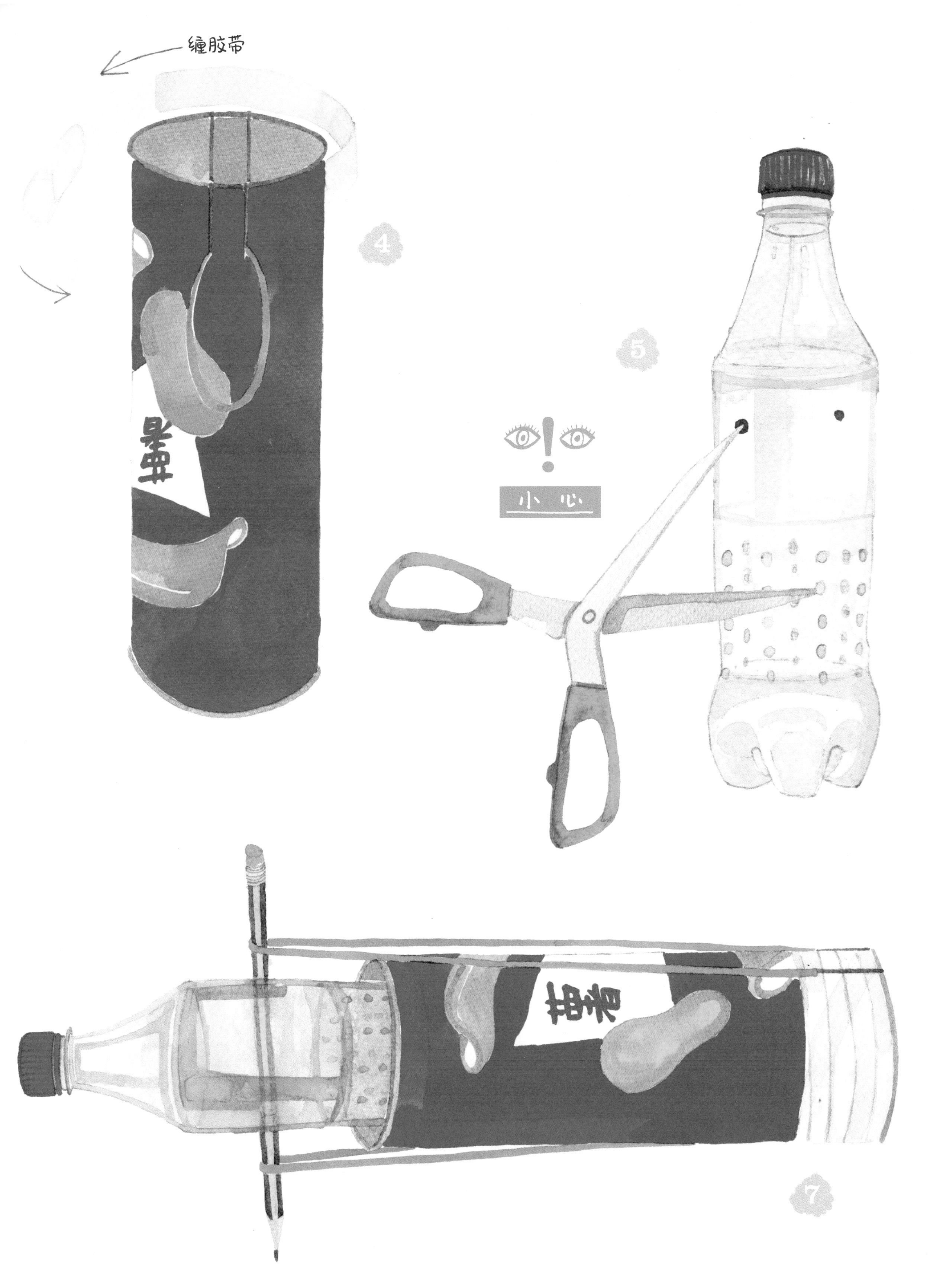
缠胶带
4
5
小心
7

8. 把锡纸揉成球，从弹射器末端（薯片筒底部）塞进去。

9. 慢慢向外拉水瓶，然后放手，球就发射出去了！

试着改变薯片筒弹射器发射的**角度**，看看是否会影响球状发射物的飞行距离。

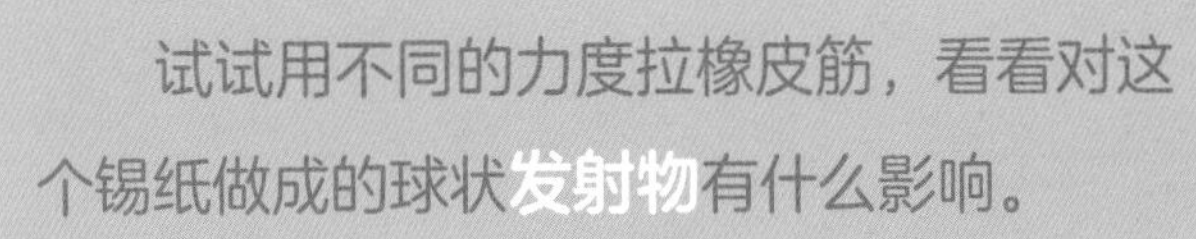

试试用不同的力度拉橡皮筋，看看对这个锡纸做成的球状**发射物**有什么影响。

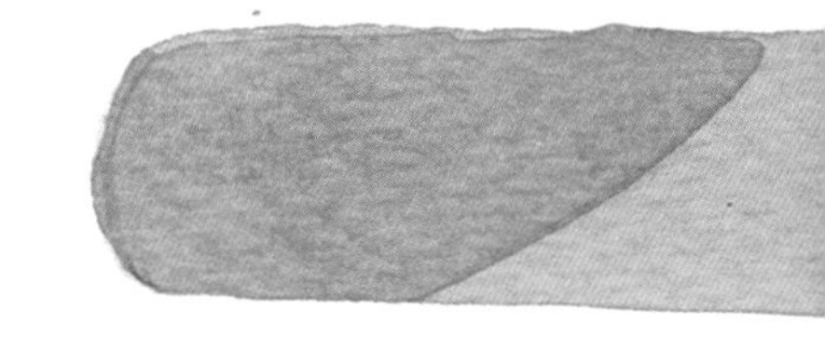

试试**不同**的橡皮筋或**增加**橡皮筋数量，甚至改变弹射器的基本设计，看看有什么变化。

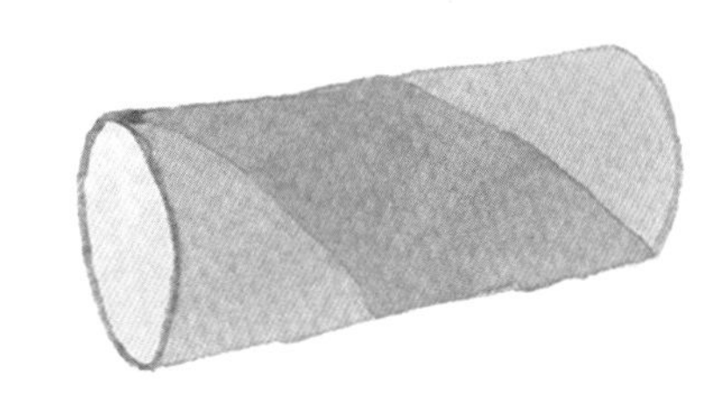

爸爸说

一个好的弹射器能够把物体发射得足够远，肯定超越人用手投掷的距离，因为它能给发射物更多的能量。当拉伸橡皮筋时，薯片筒弹射器会储存能量，松开橡皮筋时，能量将迅速转移到发射物上。

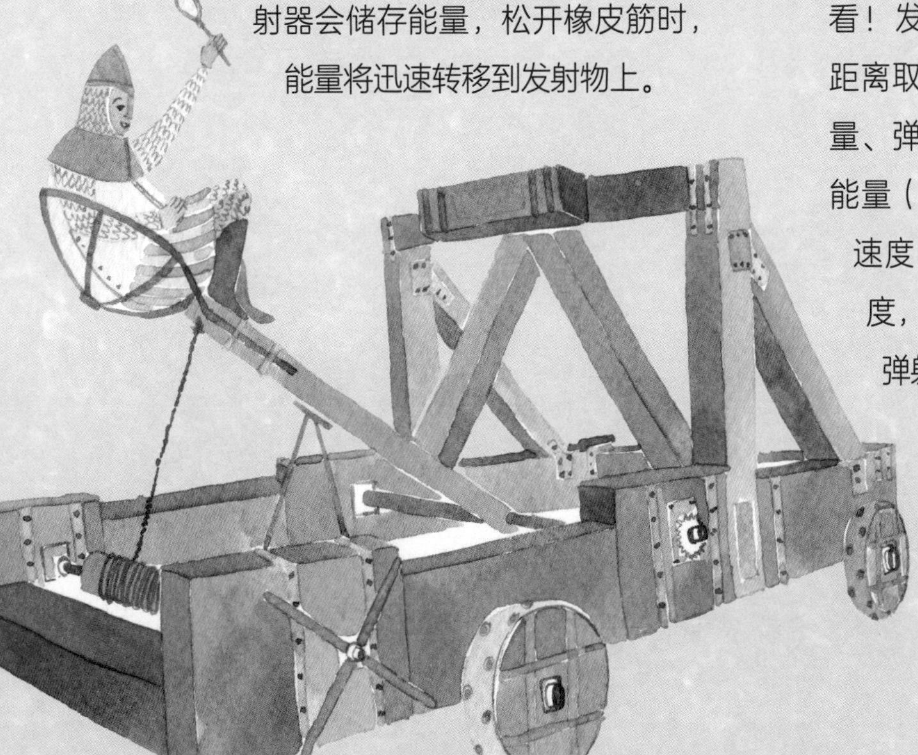

如果给发射物的能量越多，它是不是一定就飞得越远？试试看！发射物飞行的距离取决于它的质量、弹射器给予的能量（或它离开弹射器的速度）和发射角度。当然，还取决于重力的强度，如果你有机会去月球，不妨在那里试试你的弹射器！

泡腾片火箭

饮料瓶
（500毫升，带运动瓶盖）

玻璃罐
（能够放下倒置的饮料瓶，类似杯子即可）

低温温水
（家用冷热水管里的水即可）

维生素泡腾片

实验材料

当我们比喻一些事情特别难以完成的时候，常常会说“比登天还难”。现在，人类借助火箭走出地球，实现了“登天”的梦想。实际上，火箭工作的基本原理并不复杂。虽然如此，人类发明火箭的探索过程还是十分艰辛的，科学史上有很多火箭发射失败的案例。以下这个实验基本上能够模拟火箭的工作原理，虽然简化了许多，但我相信一定能够让你惊叹。

？ 如果把一些泡腾片放在装满水的瓶子里，然后**拧上瓶盖**后会发生什么？为什么？

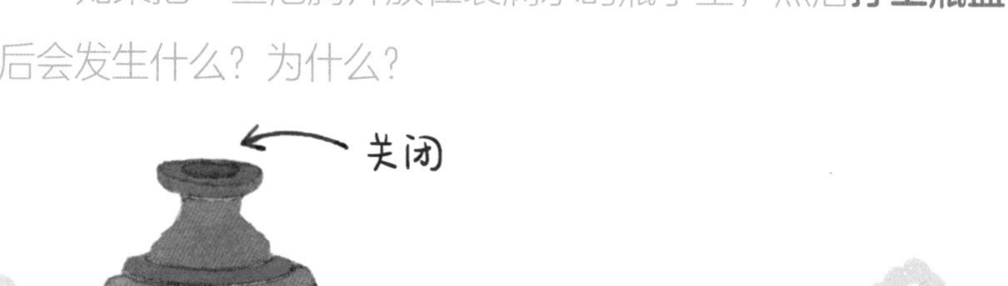

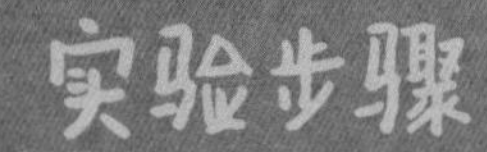

1. 取下饮料瓶瓶盖，确认盖口已经紧闭。

2. 向饮料瓶中装入半瓶温水。

3. 将两片泡腾片掰开，放入饮料瓶中。
（注意观察瓶中发生的一切！）

4. 快速把运动瓶盖拧在瓶子上，接着晃动饮料瓶，然后将饮料瓶倒置放入玻璃罐中。

在2米以外的地方等待。

！ 注意：这个实验适合在户外进行！

5. 如果发现运动瓶盖过早被弹开，请尝试用稍凉的水或减少泡腾片；如果3分钟后运动瓶盖还没有被弹开，请尝试用温度略高的水。经过多次尝试，你一定能够找到最适合的水温。也许第一次实验并不理想，但多尝试几次，你一定会看到壮观的景象。

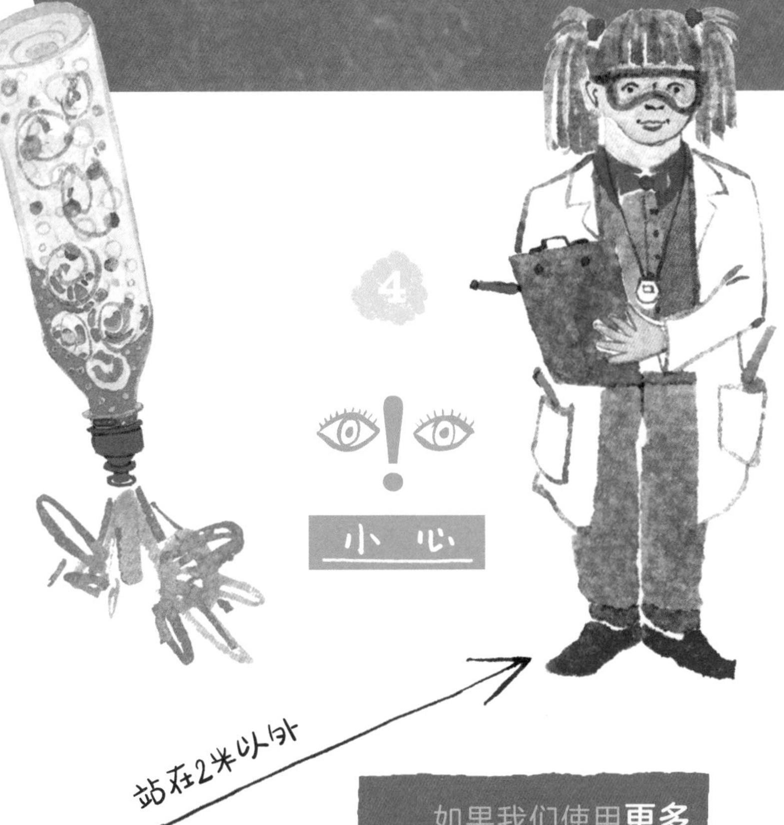

如果我们使用**更多**的泡腾片，会发生什么？为什么？

水的**温度**对实验效果有什么影响？

为了让泡腾片火箭飞得**更高**，我们还可以做哪些改变？

爸爸说

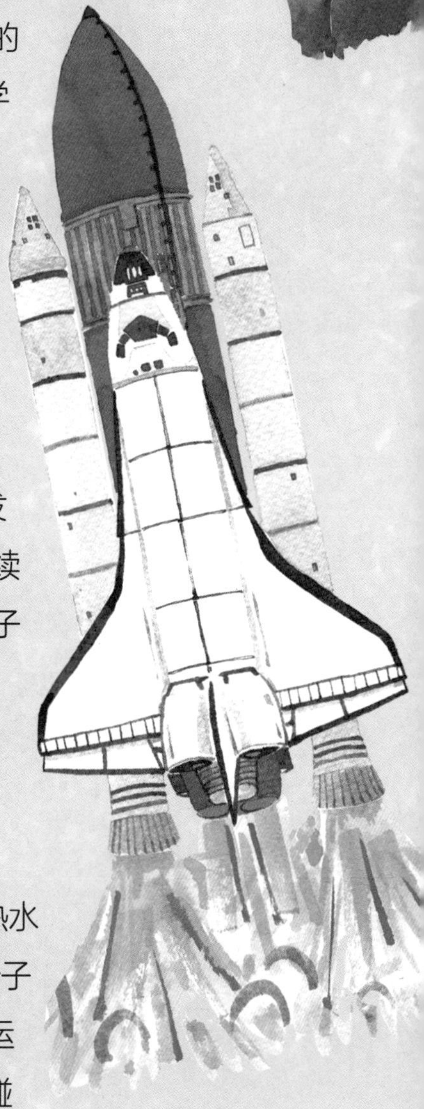

维生素泡腾片含有特殊的化学成分，遇水就会发生化学反应，产生二氧化碳气体。当饮料瓶中的二氧化碳气体足够多时，运动瓶盖盖口会被冲压弹开，气体快速冲击玻璃罐底部，反推饮料瓶飞起。当饮料瓶飞出玻璃罐，你会看到和真正的火箭发射一样的景象，饮料瓶中继续涌出的气体和液体推动着瓶子向上飞行。

装入饮料瓶中的水越热，维生素泡腾片产生气体的速度就越快。这是因为在热水中，泡腾片的化学成分和水分子能获得更多能量，从而快速运动，因此发生更加频繁的碰撞，产生更剧烈的化学反应。

气球动力车

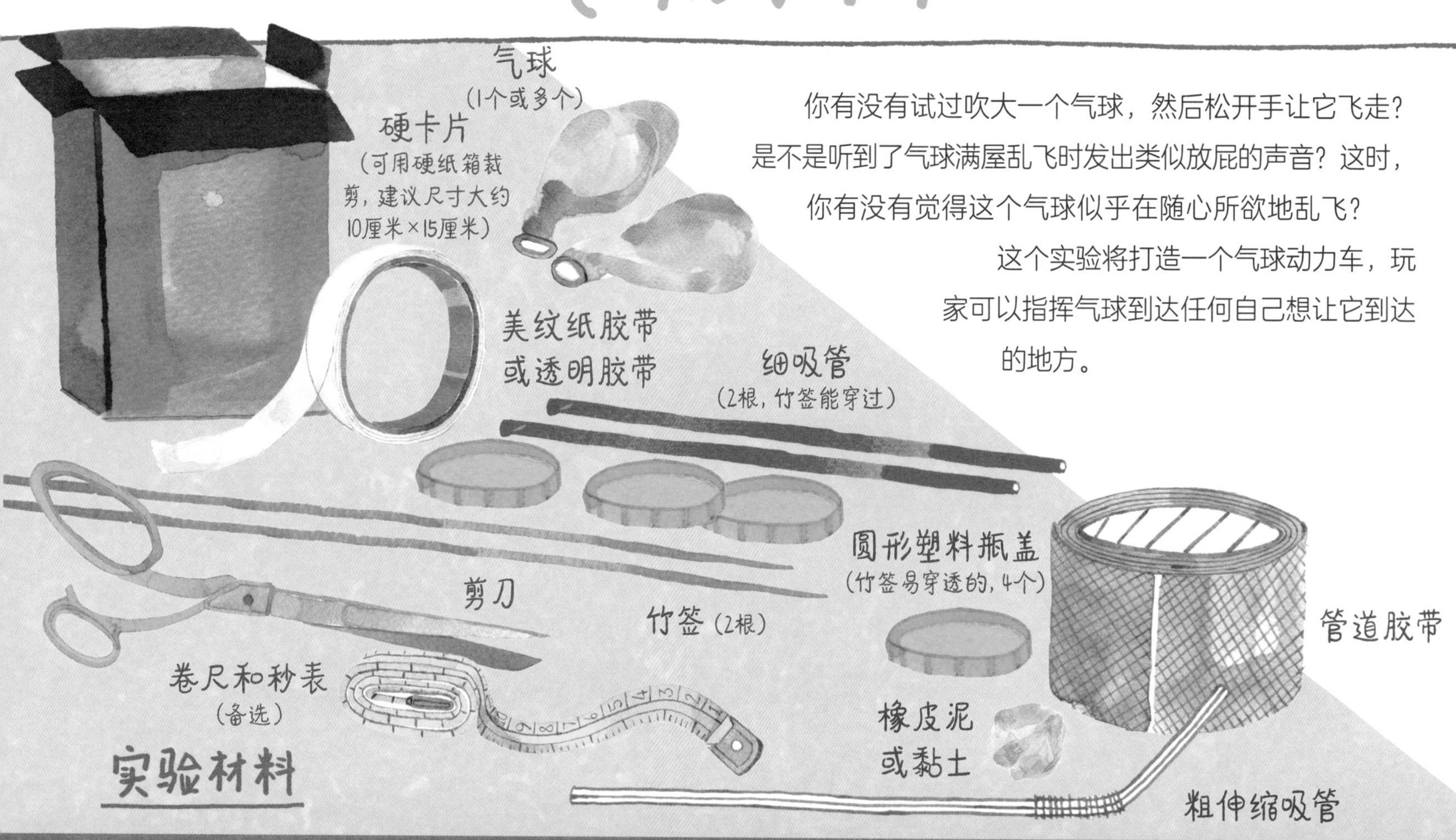

你有没有试过吹大一个气球，然后松开手让它飞走？是不是听到了气球满屋乱飞时发出类似放屁的声音？这时，你有没有觉得这个气球似乎在随心所欲地乱飞？

这个实验将打造一个气球动力车，玩家可以指挥气球到达任何自己想让它到达的地方。

实验材料

实验步骤

1. 将两根细吸管粘到硬卡片的同一侧。

2. 将圆形塑料瓶盖放在橡皮泥或黏土上面，然后用竹签穿个洞，每个瓶盖都如此。

3. 将竹签穿进细吸管，两侧等距离伸出，然后把瓶盖固定到竹签上。

4. 翻转硬卡片，把伸缩吸管粘在中间适当的位置上，然后将气球口缠到吸管短端。

5. 通过伸缩吸管把气球吹大，然后用手指堵住吹气口，不让空气逸出。

6. 把制作好的“硬卡片车”放到地板上。

7. 放手松开吹气口，看看发生了什么！

小心

？ 如果想让车**向前**行进，车应该怎么放呢？

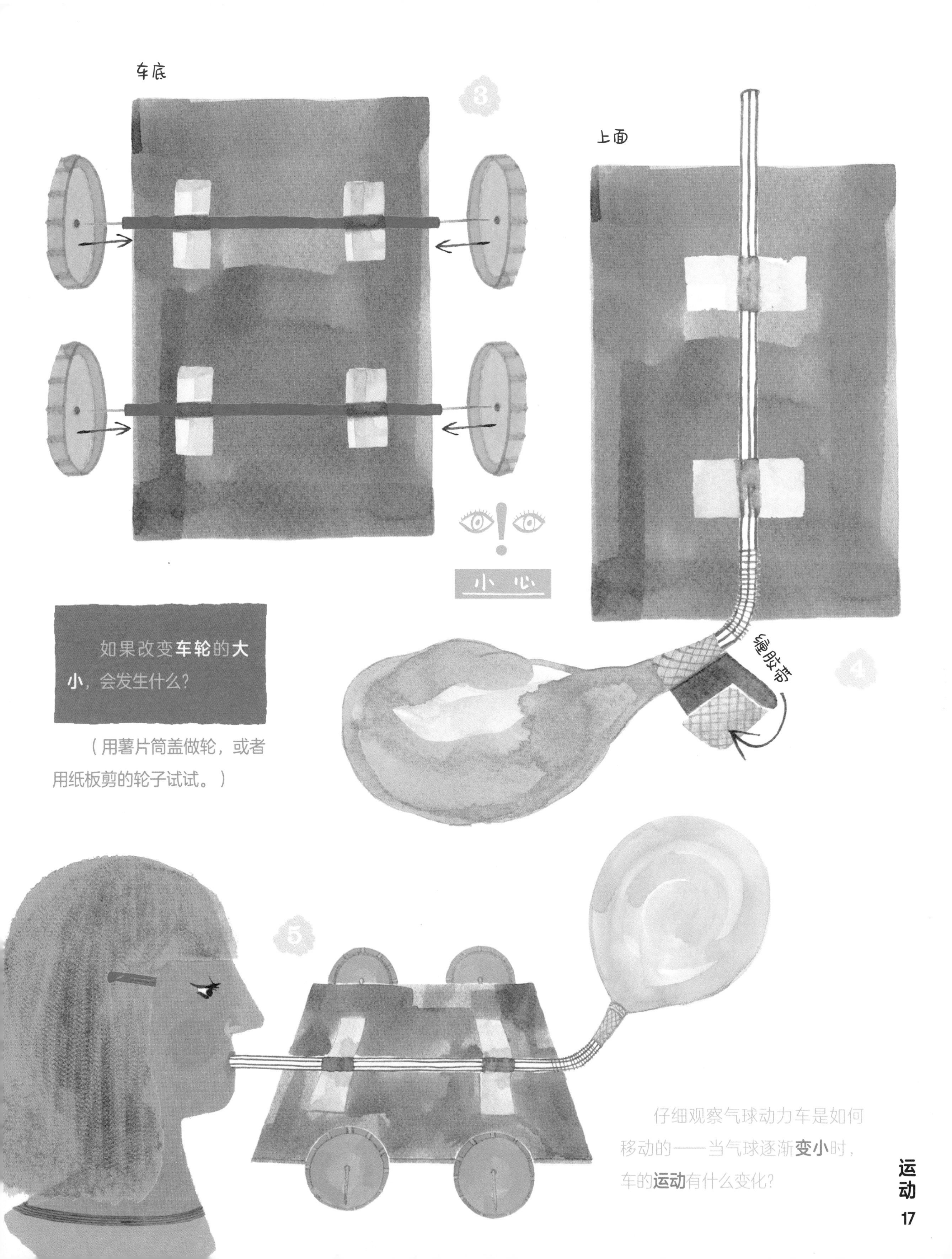

如果改变**车轮**的**大小**，会发生什么？

（用薯片筒盖做轮，或者用纸板剪的轮子试试。）

仔细观察气球动力车是如何移动的——当气球逐渐**变小**时，车的**运动**有什么变化？

在物理学中，物体的运动**速度**通常以**“米/秒”**为单位。

算出物体运动速度的方法是用**行驶距离**（以“米”为单位）除以**行驶时间**（以“秒”为单位）。你能算出你的气球动力车的速度吗？

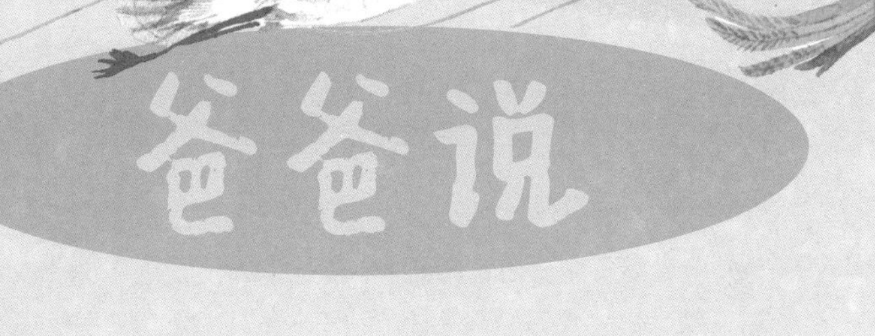

气球动力车验证了物理学的两大基本定律。

一是牛顿第一定律：任何物体都要保持匀速直线运动或静止状态，直到外力迫使它改变运动状态为止。

气球内的空气释放之前，作用在动力车上的所有力都是平衡的。堵着吹气口的手放开以后，作用在动力车上的力的平衡被打破，因此气球动力车开始移动。

二是牛顿第三定律：相互作用的两个物体之间的作用力和反作用力总是大小相等，方向相反，作用在同一条直线上。所以，如果你推动任何物体，物体总会以相同的力量回推你。需要注意的是，这些力作用于不同的物体时产生的效果也不一定相同。

艾萨克·牛顿爵士

很多物体的运动遵循牛顿第三定律，如在地面行走时脚向后用力（这也是我们很难在光滑路面上行走的原因）；喷气式飞机向后喷出的热气反推飞机向前飞行；鸟儿的翅膀用力向下挤压空气从而使自己飞得更高。

你不能通过嘴吹气推动自己向后走，也无法实现振臂高飞，其原因是在这些情况下摩擦力和重力过大。但如果你在游泳池里蛙泳，手臂向后推水你就可以前行，这就是牛顿第三定律的表现。

至于气球动力车，充气的气球通过吸管将空气推出，这时空气以相反的方向回推气球，由于气球附着在动力车上，于是车身因空气向后移动而向前移动。

塑料降落伞

1783年，法国化学家、物理学家、发明家路易-塞巴斯蒂安·雷诺曼，身穿自己设计的降落伞从法国蒙彼利埃天文台的塔楼安全跳下。我们不确定他是否是第一个成功使用降落伞的人，但是他融合拉丁语前缀“para”和法语词汇“chute”创造了词汇“parachute”（降落伞），前者意为“防止”，后者意为“落下、跌落”。

这个实验中的降落伞无法供人使用，但基本能够保护鸡蛋从高空落下而不碎。

实验材料

塑料手提袋或小垃圾袋

空酸奶盒或塑料杯

细绳或丝线（长度至少1.2米以上）

透明胶带

鸡蛋（1个，可多准备几个）

碎布（备选）

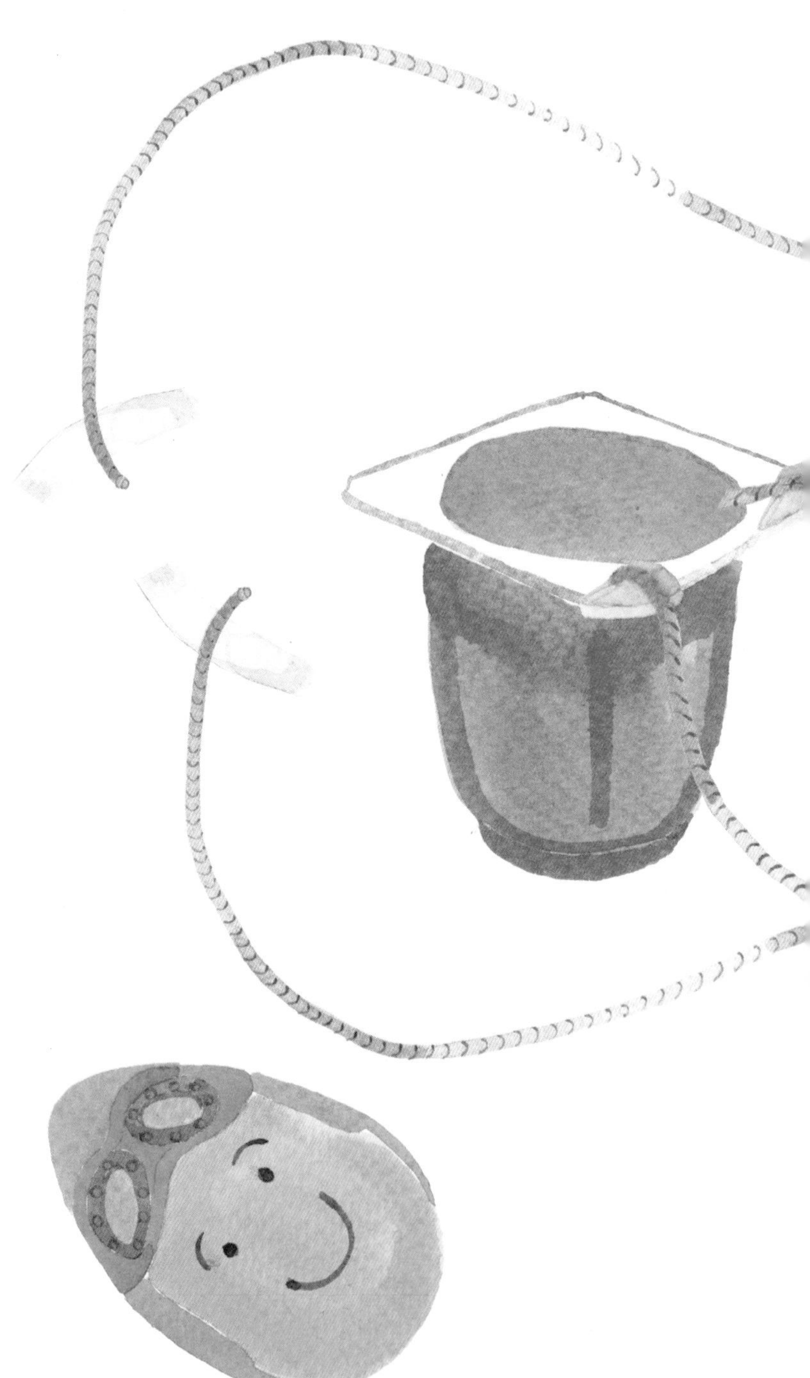

实验步骤

1. 从袋子上剪下一个边长为30厘米的正方形，作为降落伞的伞衣。

2. 剪出4根长度为30厘米的绳子。

3. 每根绳子选择一端粘在酸奶盒的一个角上，另一端粘在正方形伞衣的一角上。

4. 选定运送物。可以在酸奶盒里放任何你喜欢的东西。
注意：使用鸡蛋有摔破的风险！

5. 寻找一个安全的高处，放飞降落伞！

？什么样的降落伞才是**“好”**的降落伞？
是取决于到达地面的速度，还是取决于是否能够确保运送物的安全？

你认为降落伞能够**减缓**物体从高空下落速度的原因是什么？

做什么样的**改变**可以使降落伞下降得更慢？

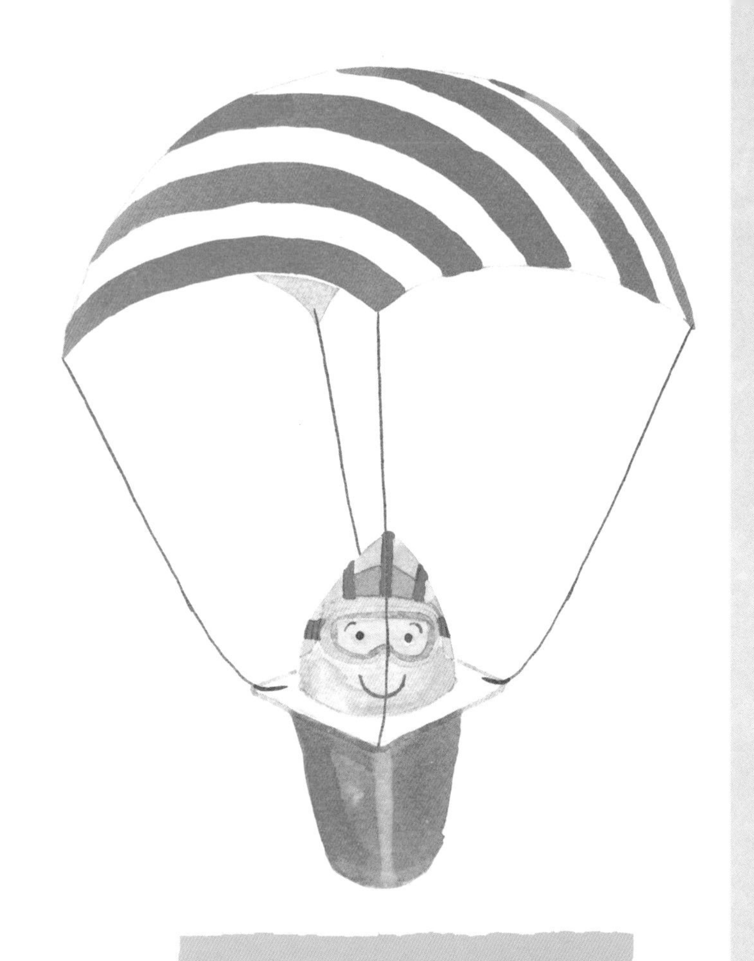

你认为降落伞伞衣的**大小**会对降落的**速度**有影响吗？为什么？你是怎么发现的？

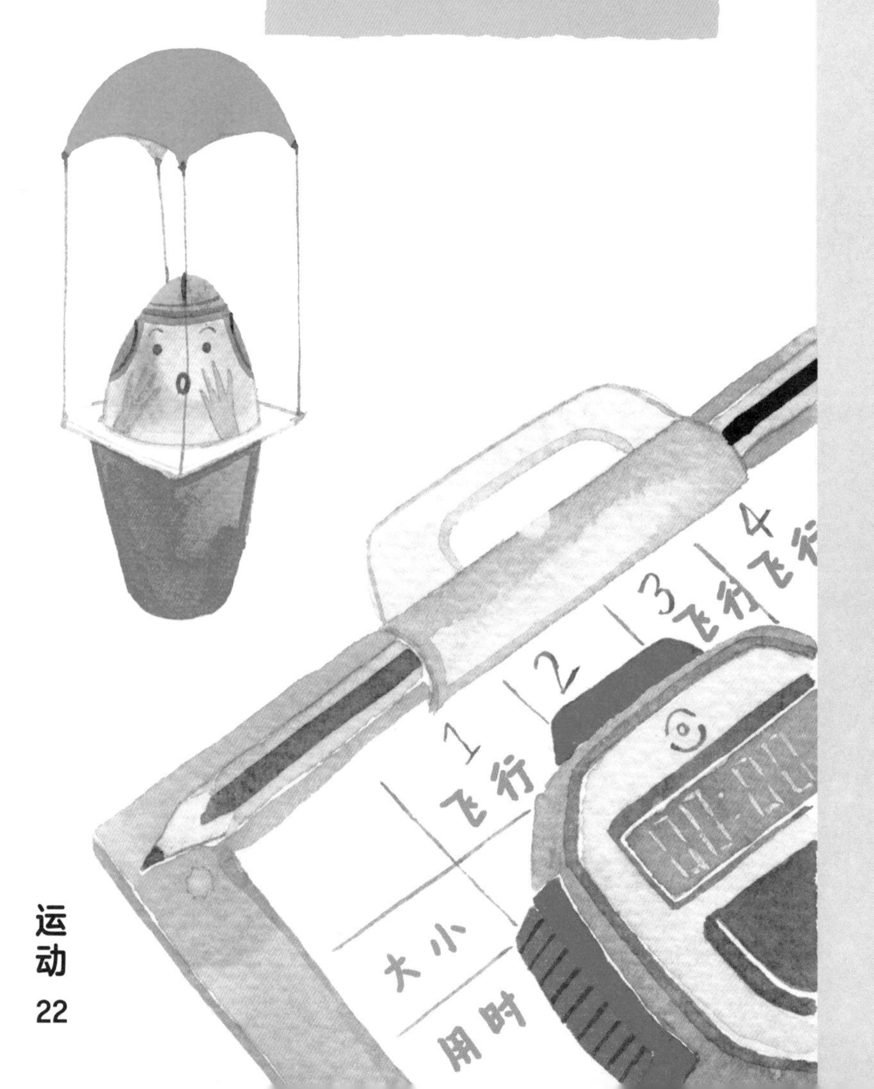

爸爸说

通常，我们走路时不会注意到空气对自己的影响。但是，如果在大风中行走，或者坐过山车时，你就能感觉到空气在相反方向上的推力，这就是空气阻力。好的降落伞就是充分利用空气阻力来减缓物体下落速度的。

如果你把纸揉成团丢出去，它一定会比直接把整张纸丢出去下落得更快。

虽然纸团和原来的纸张一样重，但是纸张展开时表面积显然大得多，相应地会受到更多空气带来的阻力，从而减慢了速度。面积较大的物体在空气中移动时会遇到更大的空气阻力。

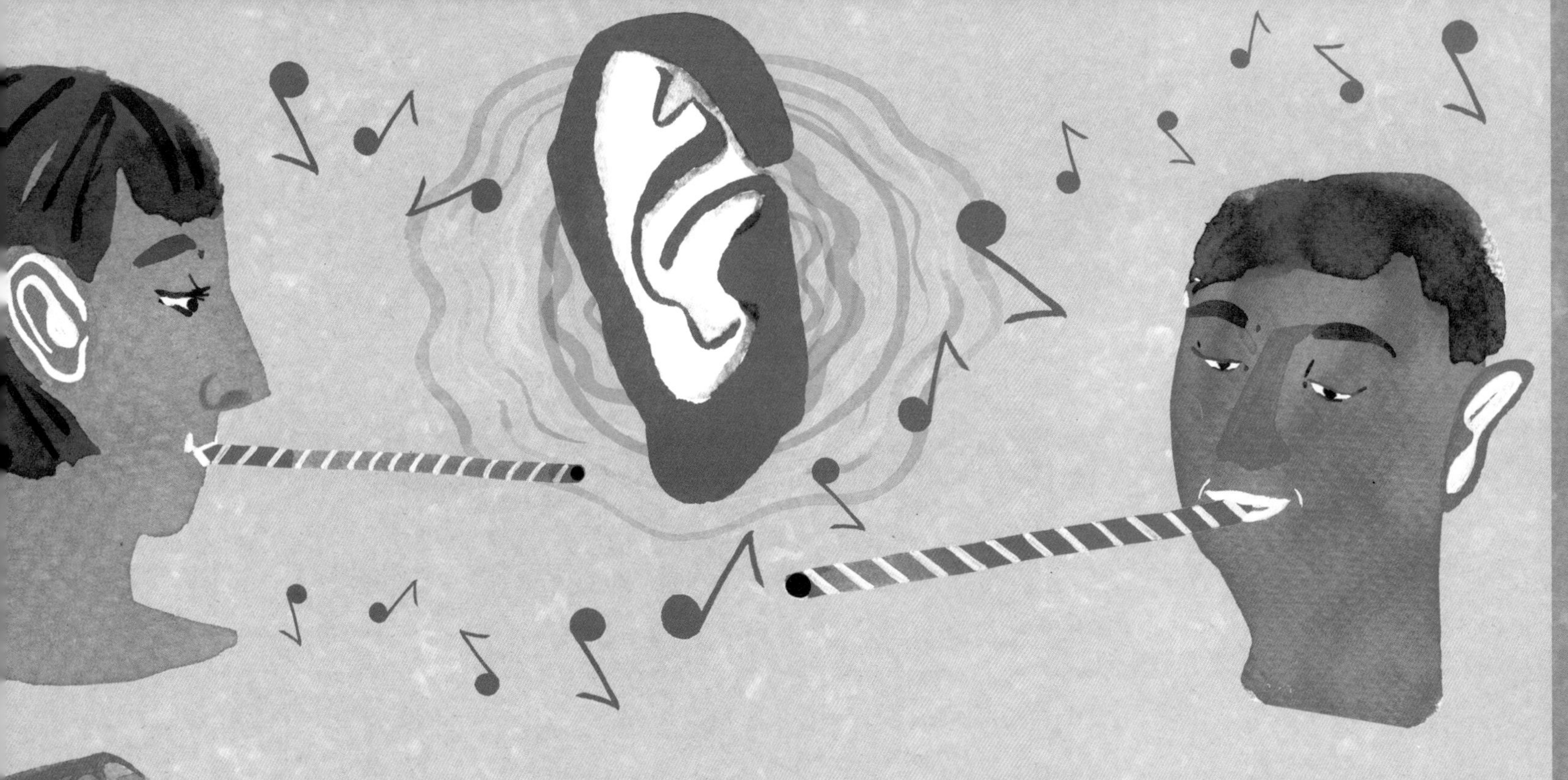

声音

声音是一种非常有用的自然现象。对于我们大多数人来说，声音是我们感知世界和彼此交流的重要方式。因为声音的存在，人类才能拥有音乐，拥有这种独特的情感交流方式。

当我们说话、唱歌或尖叫时，来自肺部的空气会迅速通过喉腔中部的声带，使声带振动，并带动周围空气振动。这些振动以波的形式在空气中传播，并逐渐减弱。

任何人想听清楚我们讲的话，必须在足够近的位置，以保证声音在空气中的振动能够到达他的耳膜。

声学是研究声波的产生、传播、接收和效应的科学，涉及声音的方方面面。体验本章的实验，你将以有趣和愉悦的方式探索声音的奥秘。

吸管双簧管

我人生中最大的遗憾之一就是童年时没有学过任何乐器。虽然我吹口哨的声音不好听，但我擅长吹瓶口来奏出悦耳动听的音调。能够用家用物品制作乐器是一件非常神奇的事，下面这个吸管双簧管就可以让普通的物品发出非凡的声音。

实验材料

塑料吸管
（1支或多支）

剪刀

实验步骤

1. 咬住吸管的一端，把大约2厘米的吸管含在嘴里。

2. 牙齿轻咬吸管，来回拉动几次，使末端变平。

3. 把扁平端剪成三角形的尖头。

4. 用嘴含着吸管的尖头端用力吹，如果力度足够大，你将会吹出“音乐”。大多数人练习几次就可以成功；如果多次努力后效果仍不理想，你可以试试将吸管的尖头端弄得再平整一些。

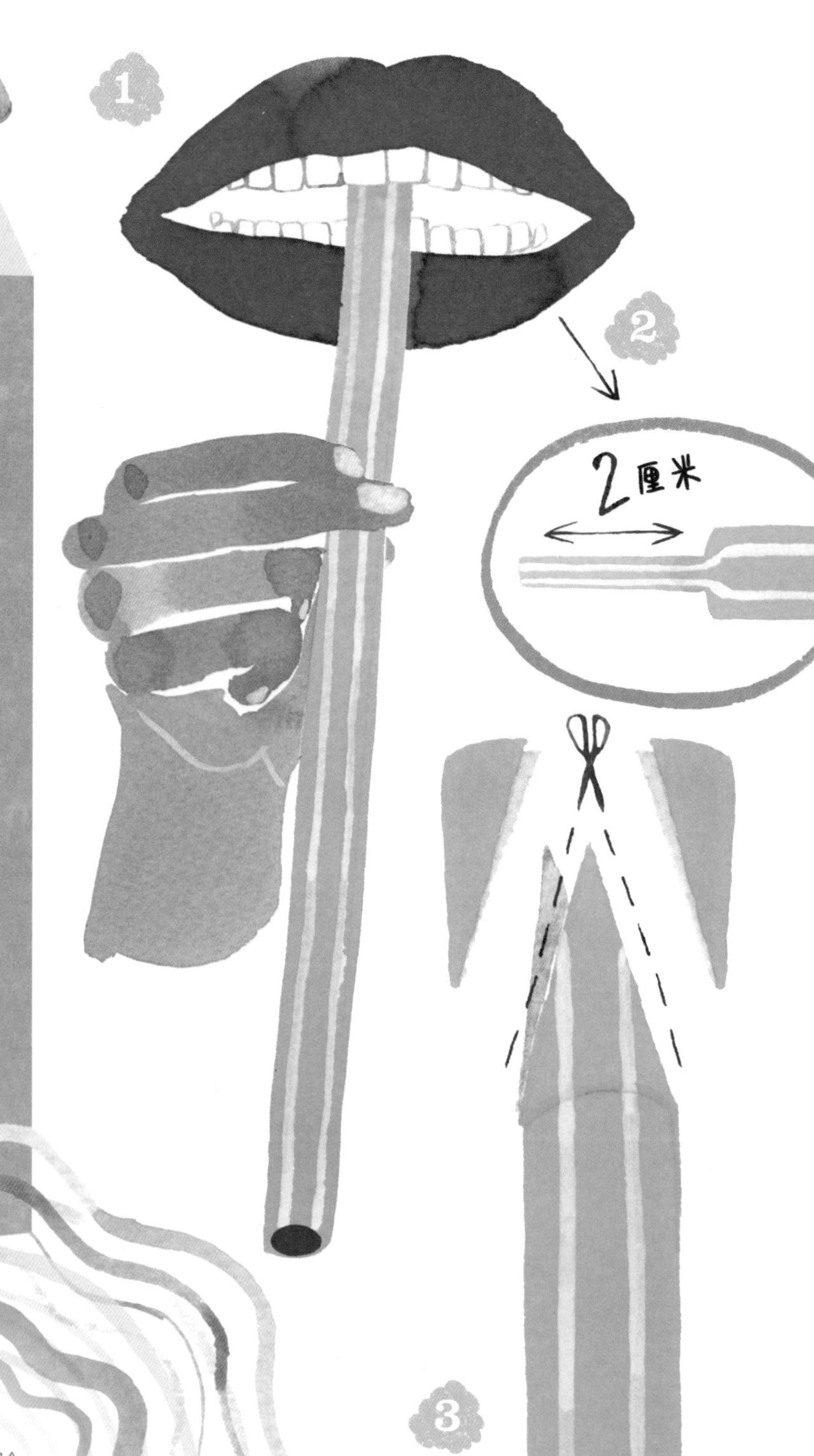

？ 所有声音都源于物体的**振动**。那么，这个实验里是哪个物体在振动呢？

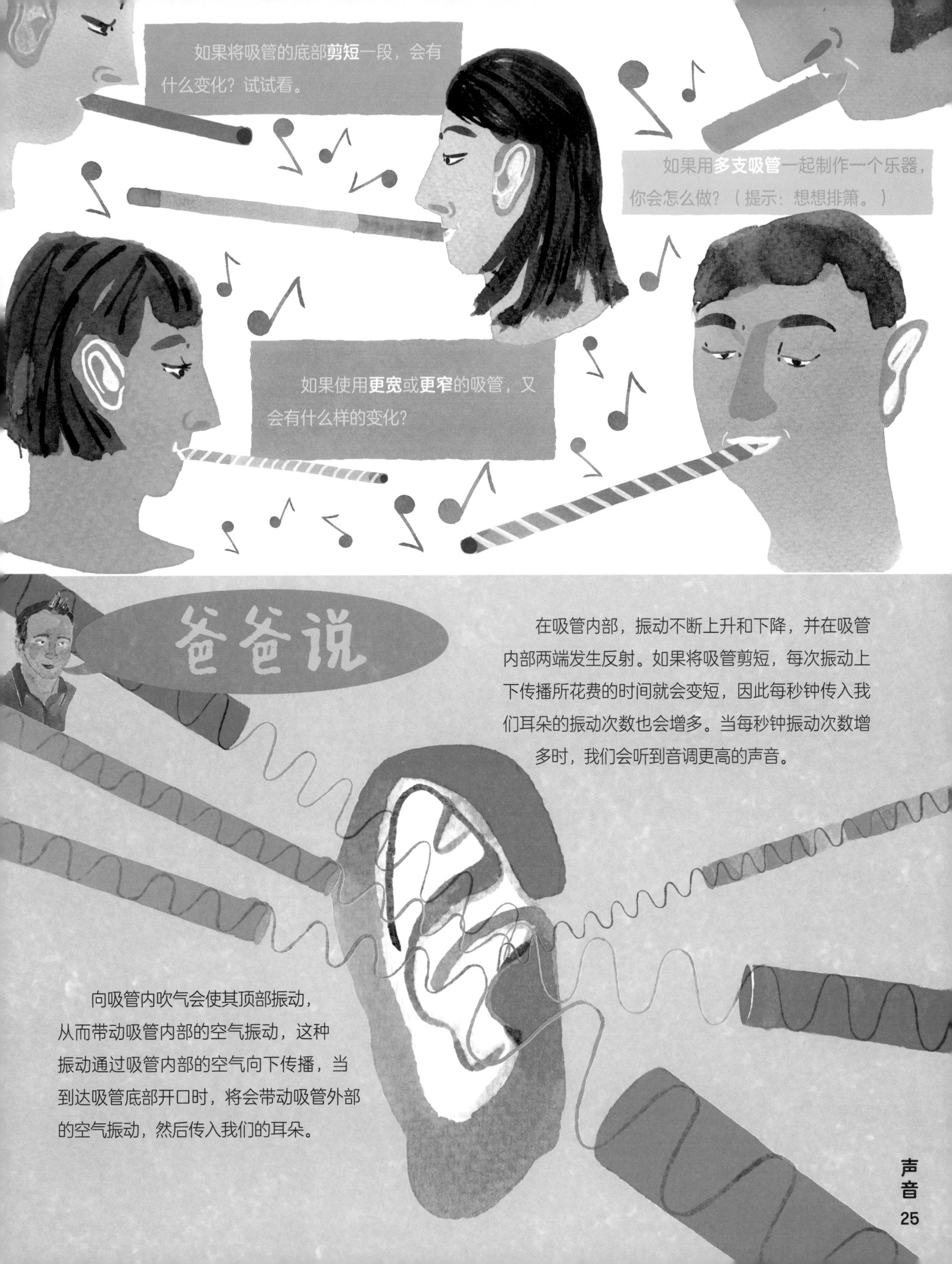

爸爸说

在吸管内部，振动不断上升和下降，并在吸管内部两端发生反射。如果将吸管剪短，每次振动上下传播所花费的时间就会变短，因此每秒钟传入我们耳朵的振动次数也会增多。当每秒钟振动次数增多时，我们会听到音调更高的声音。

向吸管内吹气会使其顶部振动，从而带动吸管内部的空气振动，这种振动通过吸管内部的空气向下传播，当到达吸管底部开口时，将会带动吸管外部的空气振动，然后传入我们的耳朵。

衣架打击乐

我喜欢接触可以在教学中使用的实验。作为科学老师，多数情况下，我能够预测实验中将会发生的事情，但是第一次做这个实验时，我还是被惊到了——这个实验展示声音产生和传播的方式太令人震惊了。

金属衣架或烧烤架
（衣架越粗，效果越好）

绳子或毛线
（2根，50～75厘米）

实验材料

实验步骤

1. 将两根绳子分别绑在衣架底端的两侧或烧烤架的两角。

2. 拉住绳子，吊起衣架，撞击桌腿或椅子，倾听其发出的声音。

? 是你想听到的声音吗？

3. 接下来收短两根绳子——在两根手指上各缠绕几圈。

4. 将两根手指分别放到你的两个耳孔中，衣架在你面前自然下垂。

? 如果用衣架撞击桌腿，你现在希望听到什么？

5. 试试吧！

? 尝试以后，你会发现声音**大不相同**，为什么会这样？

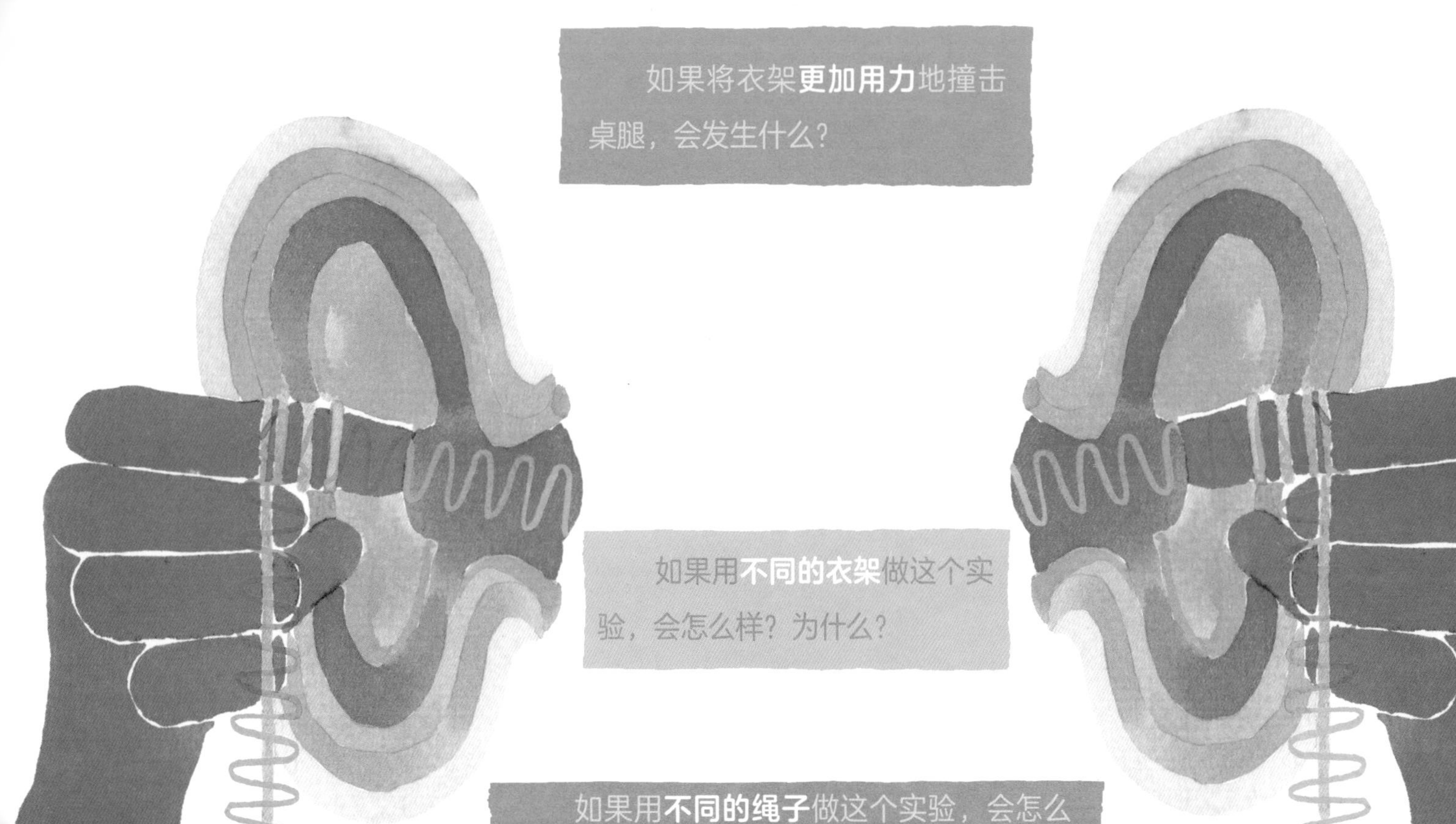

如果将衣架**更加用力**地撞击桌腿，会发生什么？

如果用**不同的衣架**做这个实验，会怎么样？为什么？

如果用**不同的绳子**做这个实验，会怎么样？为什么？

爸爸说

物体振动时会发出声音，不过有时候并不明显。但是如果物体有声音发出，那么该物体的某些部分一定在振动。

物体的振动方式决定了我们能够听到什么样的声音。通常，我们听到声音是因为物体的振动带动了周围的空气振动，这些振动在空气中传播并最终带动我们的耳鼓振动。

在这个实验中，衣架的振动传递到绳子上，然后传递到你的手指上，由于手指在耳朵内部，因此振动会通过头部的肌肉和骨头以及耳道内部的空气传递到耳鼓上。

这就是我们听录音时，发现自己的声音与平时大不相同的原因——我们平时习惯的自己的声音是通过我们的头骨传递的，而录音则是通过空气振动传递的。

酒杯交响曲

在学校的一个科研项目中，我研究了墨水滴从不同高度落地时飞溅的水花的大小。针对研究中首次遇到的主要现象，我的朋友安加拉德做了一个更有趣、更复杂的实验。是什么使音乐超越声音？我不确定这是哲学问题还是科学问题，或是两者兼有，但通过这个实验，你应该可以得出自己的结论。

实验材料

实验步骤

1. 实验开始之前，用厨房用纸把玻璃杯擦干净，再用圆珠笔或铅笔轻轻敲击玻璃杯。每次敲一个杯子，听听发出的声音，确定一种你喜欢的声音，选择那个玻璃杯待用。

? 如果**更用力**或者**更轻柔**地敲击玻璃杯，你会听到什么样的声音？

如果敲击玻璃杯的**杯脚**或**底座**，你又会听到什么样的声音？

如果在玻璃杯里加入一点点**水**后再敲击，你会听到什么样的声音？

（请尽量使用和前一次一样的力度敲击玻璃杯，这样才具有可比性。）

在玻璃杯里加入**更多**的水，再敲击，你又会听到什么样的声音？

2. 一只手将空玻璃杯牢牢地按在桌子上，将另一只手的食指尖浸入水中，沾湿后紧紧按在杯沿上，但不要太用力。

3. 将手指在杯沿上缓慢滑动，大概每秒钟绕杯沿一圈。这样，你应该能够听到一个音符。

？如果手指按得**更用力**一些，会怎么样？

如果手指划动得**更快**一些，又会怎么样？

在玻璃杯中继续**加水**后再次尝试，会怎么样？声音会有什么改变？

你能在玻璃杯中**加满**水后，敲出一个特别的音符吗？

试试用**多个**玻璃杯演奏一曲，怎么样？

爸爸说

当我们敲击玻璃杯时，它便振动发出声音。所有声音都是物体振动产生的。不同的物体会因运动方式的变化产生不同的振动，而我们听到的声音完全取决于物体如何振动。改变玻璃杯中的水量会使玻璃杯的振动发生变化，从而带来音符的变化。

当你用湿手指沿着空玻璃杯沿滑动时，会使玻璃振动并发出声音。在玻璃杯中加水后，水和玻璃都会振动。用盛满水的玻璃杯做实验时，你可以近距离仔细观察水上的波纹！

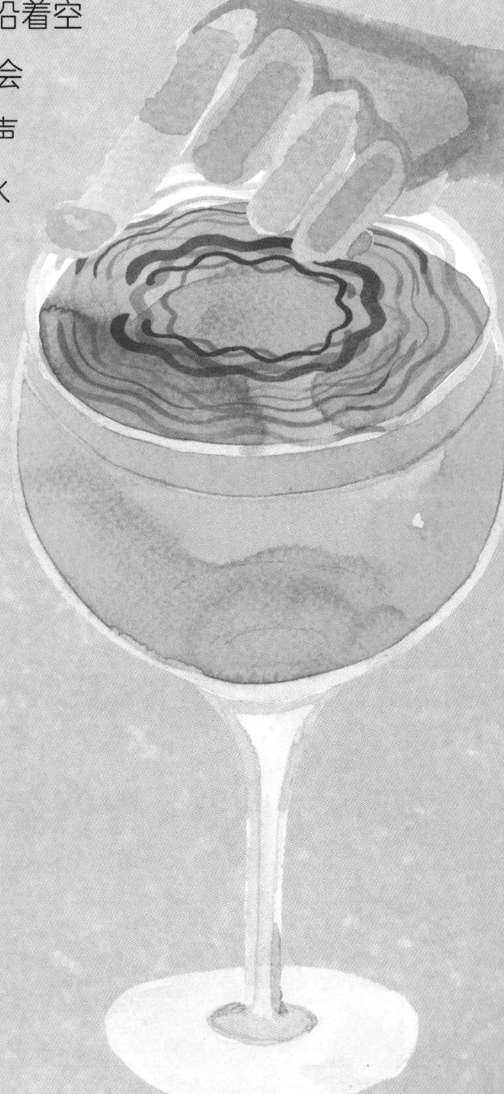

电磁与光

“任何非常先进的技术，初看都与魔法无异。”

这是英国科幻小说家亚瑟·查理斯·克拉克的第三条“预测定律”，他的三条预测定律常常被人们统称为“克拉克基本定律”或“克拉克三大定律”。我经常暗暗思忖，如果只有少数人能够使用现代科学技术的创新应用，如手机和遥控无人机，并且只有他们掌握这些创新应用的原理等，无疑他们将会被奉若神明并理所当然地统治着我们大多数人。

幸运的是，事实并非如此。几乎所有人都认同，人类对电的理解和综合利用驱动了现代技术的快速发展。更准确地说，正是人类掌握了电磁技术，才带来了全球的科技进步和生活变革，而这些技术将继续引领人类的发展。

电性和磁性是同一自然现象紧密相连的两个方面，统称为“电磁”。光与电磁也有紧密的联系。本章将重点介绍电磁和光的神奇所在。

简易电机

电机使我们的生活更轻松，它是洗衣机、洗碗机、吸尘器、扫地机器人以及无数其他家用小电器和工业机械的核心装置。1821年，伦敦皇家学会的迈克尔·法拉第发现了电机运转的基本原理。

通过这个简单的实验，你可以亲手做出让自己印象足够深刻的电机。

实验材料

电池
（如5号电池、7号电池、2号电池等）

圆形磁铁
（直径2厘米、厚度5毫米，1个或多个）

螺丝钉
（长度2厘米以上，用来固定磁铁）

电线
（长度15厘米以上，如废旧充电器延长线）

剪刀

安全须知：

请勿将电线与电池长时间连接，否则电线可能会变热发烫或者绝缘层熔化。

实验步骤

1. 如果使用绝缘电线，先用剪刀轻轻剥开电线两端的塑料外皮，将其各剪去1厘米左右。

2. 把螺丝钉的平头端固定在磁铁的一侧，磁性会使螺丝钉保持在适当的位置。

3. 握住电池，把螺丝钉的尖头端顶住电池头部（正极）。

4. 用握电池的那只手的一根手指，把电线的一端压到电池底部（负极）。

5. 用另一只手把电线的另一端接到磁铁上。

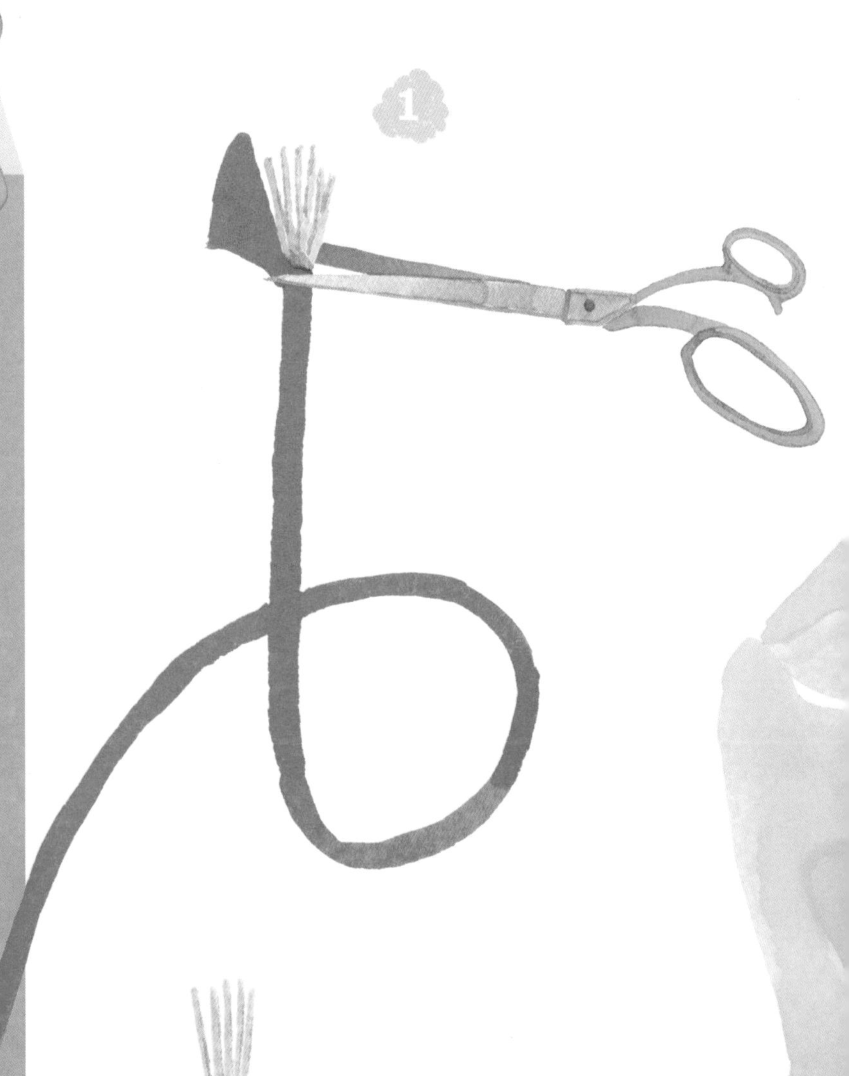

在磁铁下面**加一个**磁铁，会发生什么呢？

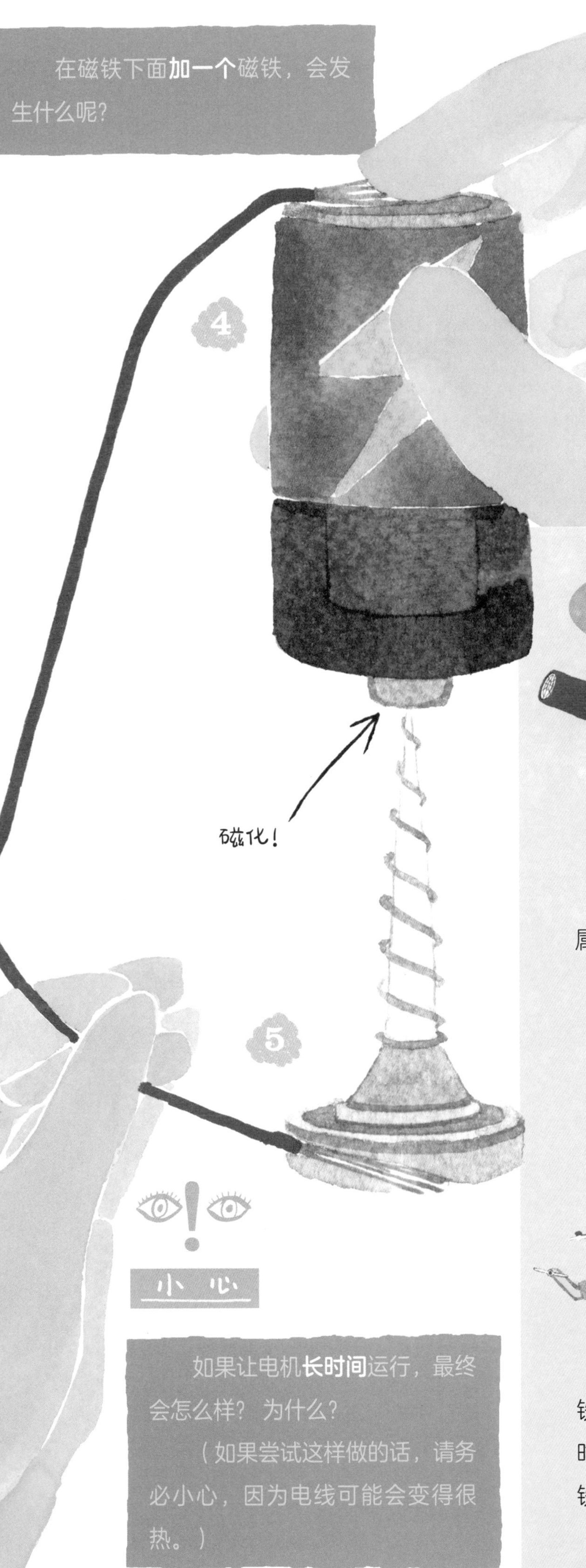

爸爸说

磁铁能够吸引和排斥其他磁铁，以及像铁、钴和镍等某些特定金属。当电流通过时，物体将会产生磁性，这时将物体靠近磁铁，会感受到吸引力或排斥力。在本实验中，电流流经的金属螺丝钉产生了磁性，进而和磁铁发生相互作用。

电线接触磁铁后构成了完整的电路，电流开始流动。这时有两个磁场存在：一个由电流产生，另一个由磁铁产生。当将两块磁铁靠近时，磁场相互作用，会推动磁铁旋转。

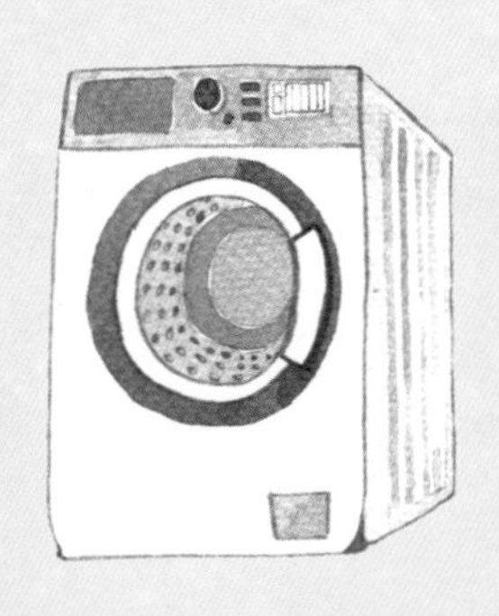

小心

如果让电机**长时间**运行，最终会怎么样？为什么？

（如果尝试这样做的话，请务必小心，因为电线可能会变得很热。）

薯片筒相机

早期的相机并不能直接成像，而是把外部的图像投射到暗箱内的感光材料上形成潜影，经冲洗处理（即显影、定影）才形成照片。

在本实验中，你可以制作自己的相机暗箱，并学习一些光的基本知识。

实验材料

- 带盖的硬板薯片筒
- 剪刀
- 胶带（美纹纸胶带或透明胶带）
- 放大镜或眼镜
- 图钉或安全别针
- 记号笔
- 尺子
- 锡纸（长度25厘米以上）
- 防油纸或描图纸（10厘米×10厘米）
- 晴天

实验步骤

1. 取下薯片筒的盖子，把薯片筒的内部擦干净。在薯片筒的底部向上5厘米处沿筒壁画一圈，然后沿线剪开，剪成长短两个圆筒。

2. 在短筒底部的正中间，用图钉扎出一个小孔。

3. 在短筒开口端盖上防油纸或描图纸，然后紧紧压上盖子。

4. 把纸沿筒口边全部下折，下折部分完全贴紧筒壁，然后用胶带粘牢（注意不要粘住盖子），取下盖子。

5. 用胶带将两个圆筒重新粘在一起，注意将盖纸的那端夹在中间，胶带缠绕两圈以上使其牢固。

6. 用锡纸完全包住圆筒的外侧面，并用胶带固定住。在圆筒两端加缠一些胶带以完全密封锡纸，确保光线无法进入。

7. 将带孔的那端朝向窗外，在圆筒的另一端（将手放在圆筒周围以挡住光线）进行观察。你可能需要稍等，以待眼睛适应黑暗。

8. 尝试用手机通过这个制作好的暗箱拍摄照片。

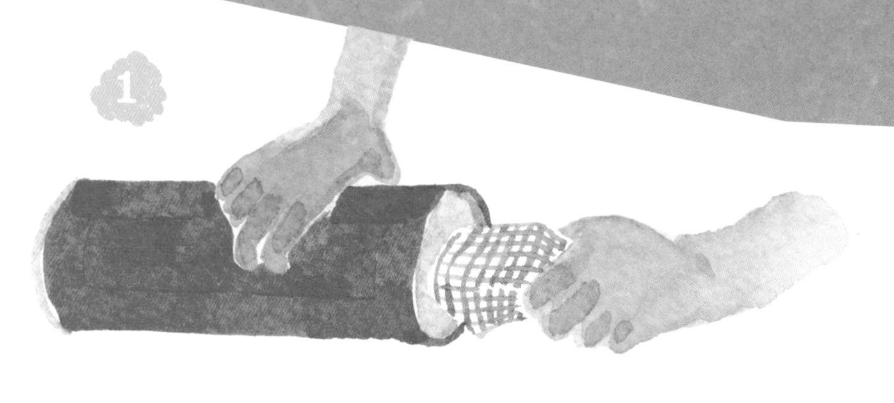

？做这个实验，为什么要选择晴天？

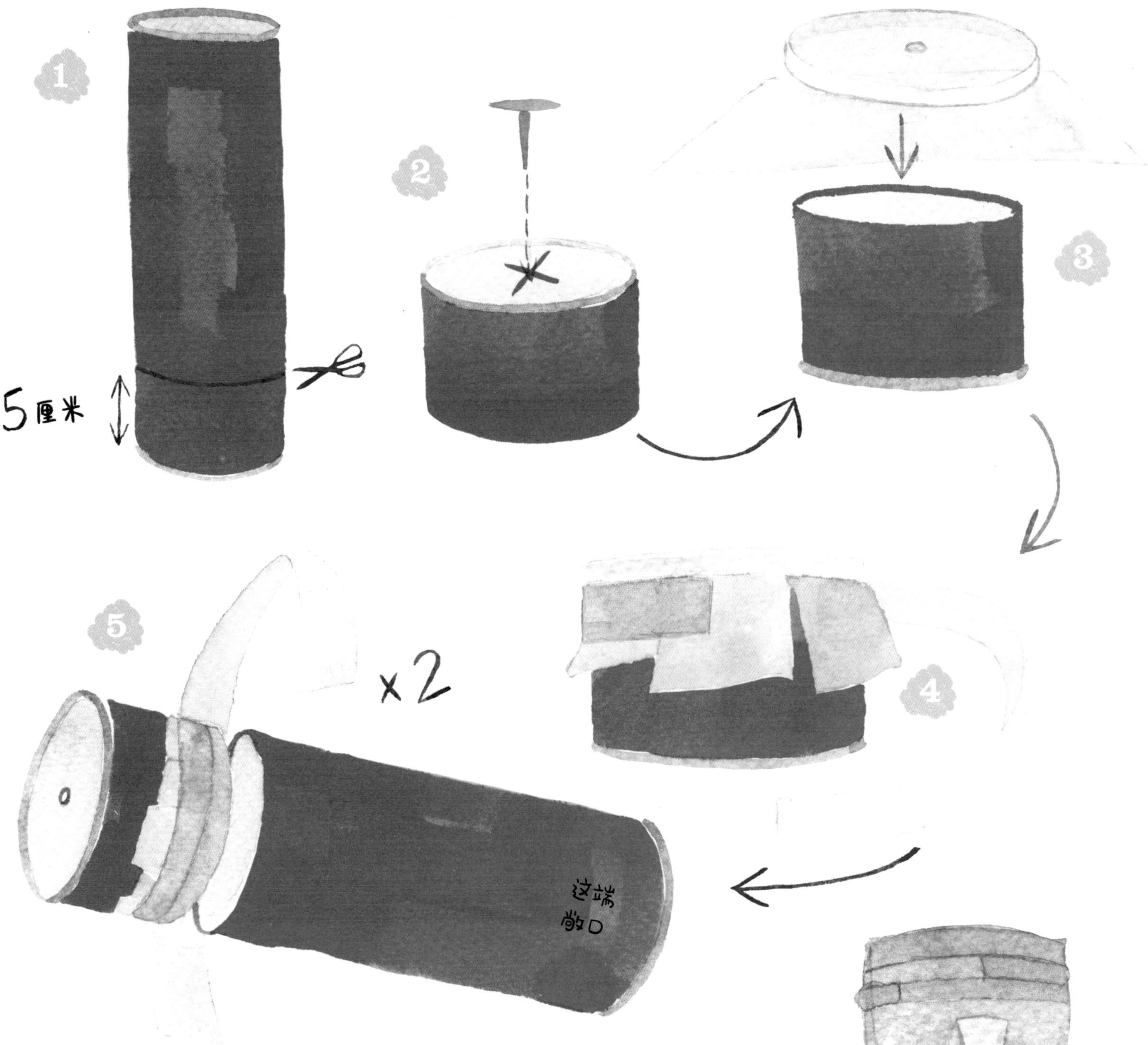

1

5厘米

2

3

4

5

x2

这端
敞口

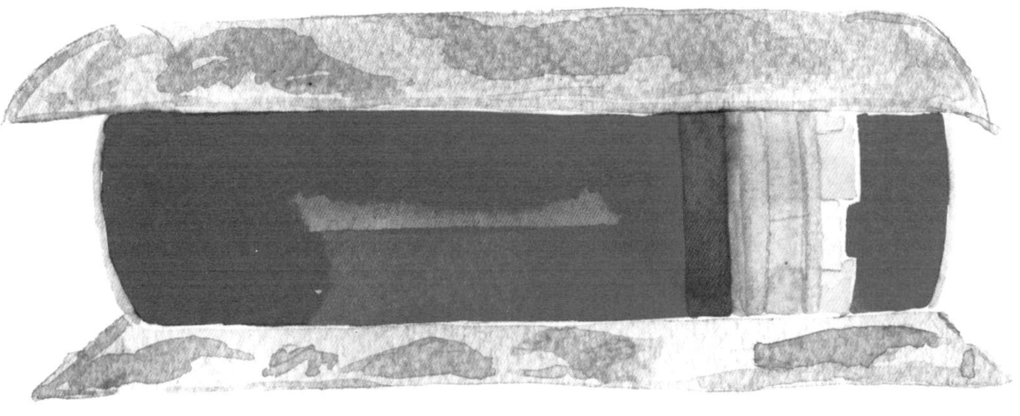

6

当你**靠近**或**远离**正在观察的物体时，会发生什么？

爸爸说

我们在由纸做成的屏幕上看到的图像是上下颠倒的，究其原因是光通过小孔进入圆筒的线路造成的。右面这张眼睛成像示意图为我们提供了既形象又生动的展示。

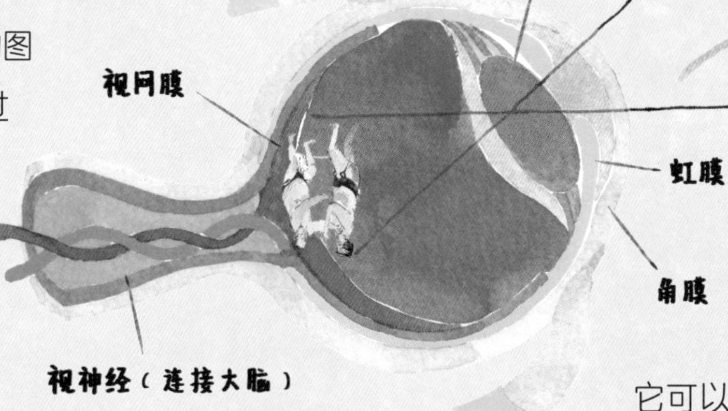

光以直线方式传播。由于被观察的物体比小孔大得多，来自物体顶部的光在穿过小孔时向下移动，因此最终到达屏幕的底部，而来自物体底部的光则向上穿过小孔，最终出现在屏幕顶部。

较大的孔可以使图像更亮，因为通过它可以进入更多的光线，但图像也可能因为光线重叠而模糊。大多数物体不会发光，只有在它们反射其他光源发出的光时，人们才能看到它们。这就是为什么要在晴天进行实验才能获得良好的观察体验。

眼球就像照相机的暗箱，前面有瞳孔，后面的视网膜像屏幕。眼睛里面形成的图像是上下颠倒的，但我们的大脑会翻转识图，这样我们就能看到事物正确的样子。

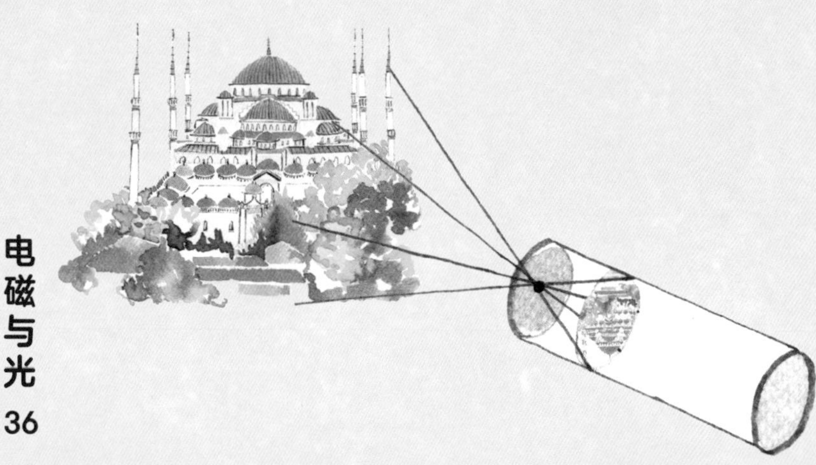

管中彩虹

剪刀

带盖的硬板薯片筒

锡纸

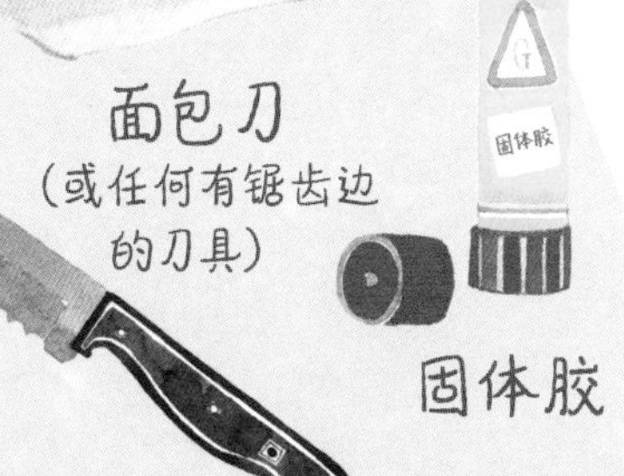

面包刀（或任何有锯齿边的刀具）

CD或DVD（银色的那种，而不是蓝色的）

固体胶

实验材料

近距离观察事物可以帮助我们更多地了解这个世界，但有时仅仅依靠我们的眼睛是不够的。科学家们发明了各种各样的仪器，帮助人类看到原本肉眼不可见的东西，比如望远镜让我们看到了很远的物体，而显微镜则让我们看到了非常微小的东西。

在本节这个实验中，我们将制作一个分光镜，把光分解成不同的颜色，这有助于我们进一步认识光。

小心

安全须知：

切勿将分光镜直接对着太阳，可以对着天空中比较明亮的区域。

实验步骤

1. 清理干净薯片筒，取下盖子，放在一旁备用。

2. 在薯片筒封闭端向上6厘米处切一个45度角的斜插槽，深度约为薯片筒宽度的一半，待放置CD。

3. 在斜插槽对面的中间位置，用剪刀戳一个小孔。

下一页»

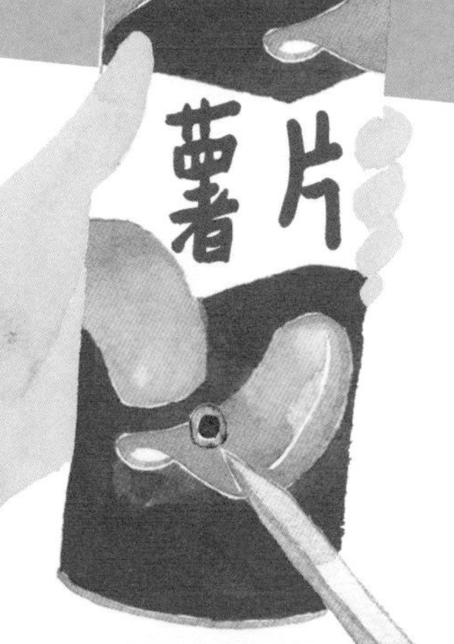

小心

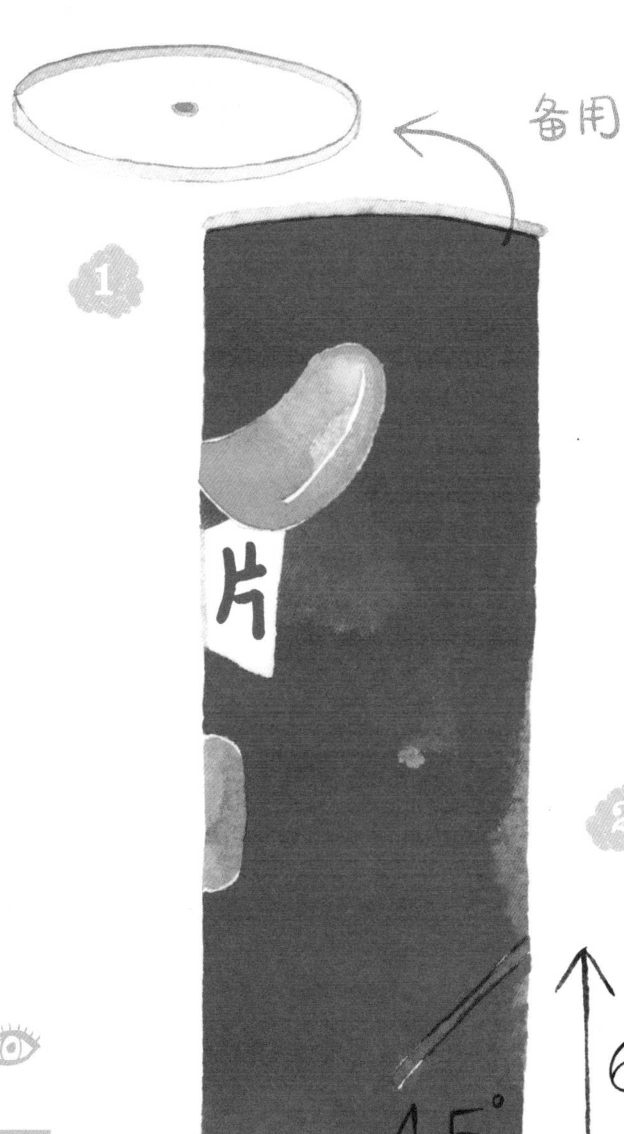

4. 将CD放入斜插槽，注意银色的一面朝上，朝向薯片筒的开口端。

5. 剪一张20厘米宽的锡纸片，用它裹住CD，并完全遮盖住斜插槽。

6. 用胶水把一张锡纸粘在盖子里面，完全覆盖盖子，再在盖子上开一条2毫米宽、6厘米长的细缝。

7. 把盖子盖到薯片筒上，上面的细缝的延长线一端对准下部的观察孔。

!

8. 你的分光镜做好了。接下来将细缝对准光源，如天空、灯泡或蜡烛火焰，然后透过下部的观察孔向里面看吧。

使用分光镜观察光源，与**不使用**分光镜观察光源，两种情况下看到的光有何不同？

通过分光镜观察**光**，你能发现光的什么特点？

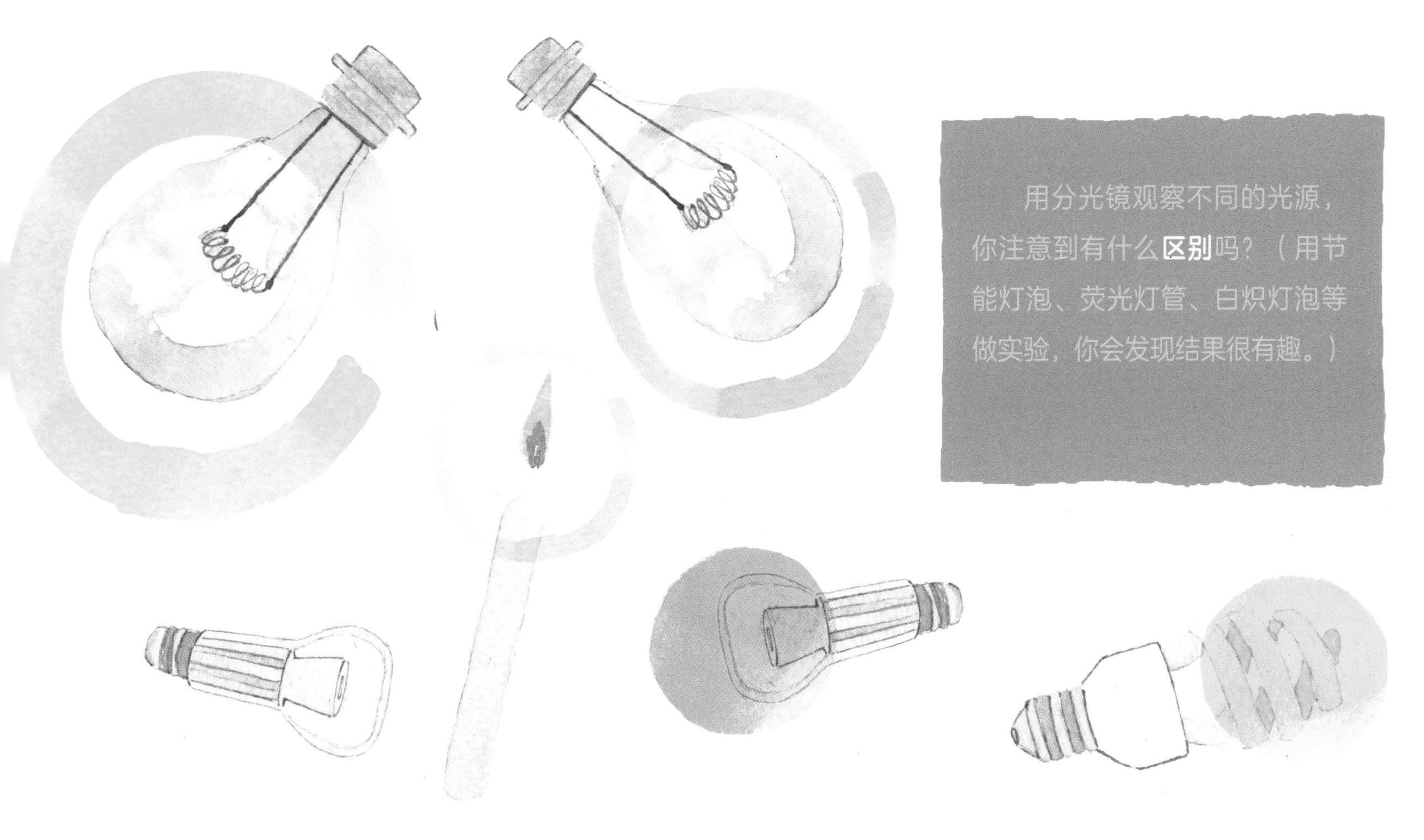

用分光镜观察不同的光源，你注意到有什么**区别**吗？（用节能灯泡、荧光灯管、白炽灯泡等做实验，你会发现结果很有趣。）

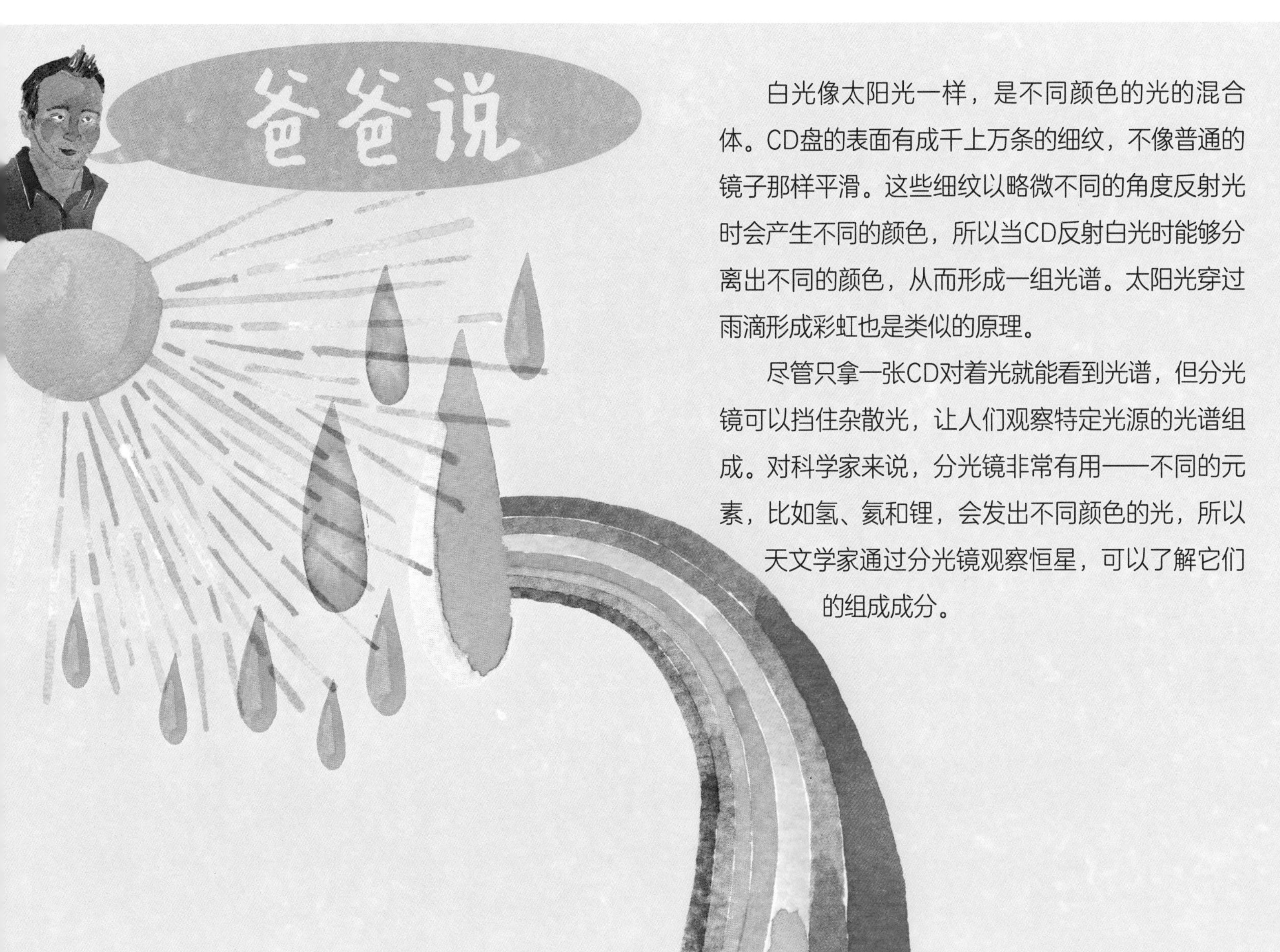

爸爸说

白光像太阳光一样，是不同颜色的光的混合体。CD盘的表面有成千上万条的细纹，不像普通的镜子那样平滑。这些细纹以略微不同的角度反射光时会产生不同的颜色，所以当CD反射白光时能够分离出不同的颜色，从而形成一组光谱。太阳光穿过雨滴形成彩虹也是类似的原理。

尽管只拿一张CD对着光就能看到光谱，但分光镜可以挡住杂散光，让人们观察特定光源的光谱组成。对科学家来说，分光镜非常有用——不同的元素，比如氢、氦和锂，会发出不同颜色的光，所以天文学家通过分光镜观察恒星，可以了解它们的组成成分。

意念移物

有些魔术师声称他们可以“意念移物”，就是不接触物体，仅通过意念移动物体。

这个实验可以让你在不接触物体的情况下移动物体，还可以做其他看起来更酷、更像魔法的事情。实验示范了静电及类似磁性的力的作用，当然这不是魔术。

尺子

棉质T恤或棉布

带盖饮料瓶（500毫升）

塑料吸管（粗的，1支或2支）

其他家庭用品（塑料牙刷、木夹子等）

废纸（撕成小块）

叉子

铅笔

圆珠笔

实验材料

实验步骤

1. 把这个实验当作魔术来做会更有趣。

2. 把吸管放在瓶子上，然后马上把它拿下来，就好像你发现它脏了一样，用你的T恤好好把它擦一擦，之后再放回瓶子上。这时，你可能会发现吸管粘在了你的手指上，所以你需要练习把吸管放回瓶子上的方法，才不至于泄露魔术的秘密。

3. 再次把吸管放在瓶子上，当你的手靠近刚刚摩擦过的吸管末端时，即使你没有碰到它，吸管也应该开始向你的手移动。揭秘之前，你可以好好享受魔术技能带来的神奇。下一页将体验一些变化。

？吸管开始移动之前，手要离得多远？

？将吸管放回瓶子上之前，先将吸管摩擦多少次？这会有什么影响吗？

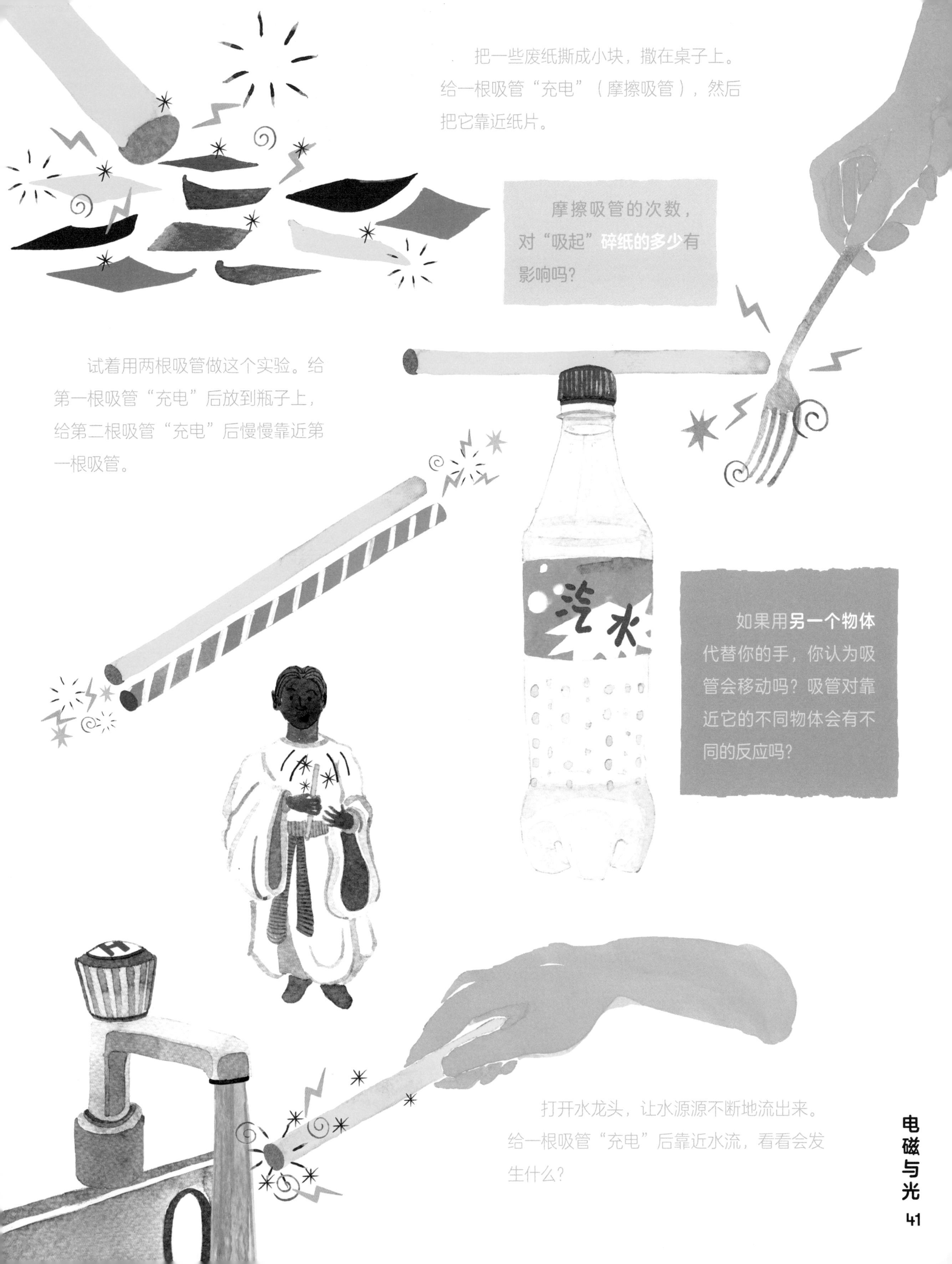

把一些废纸撕成小块，撒在桌子上。给一根吸管“充电”（摩擦吸管），然后把它靠近纸片。

摩擦吸管的次数，对“吸起”**碎纸的多少**有影响吗?

试着用两根吸管做这个实验。给第一根吸管“充电”后放到瓶子上，给第二根吸管“充电”后慢慢靠近第一根吸管。

如果用**另一个物体**代替你的手，你认为吸管会移动吗？吸管对靠近它的不同物体会有不同的反应吗?

打开水龙头，让水源源不断地流出来。给一根吸管“充电”后靠近水流，看看会发生什么?

爸爸说

所有物体都带有电荷，而且是正电荷和负电荷的混合体。通常这些正、负电荷会相互抵消。但是当我们用T恤摩擦吸管时，T恤上的一些负电荷会摩擦到吸管上，吸管得到一个负电荷，T恤则留下一个正电荷。

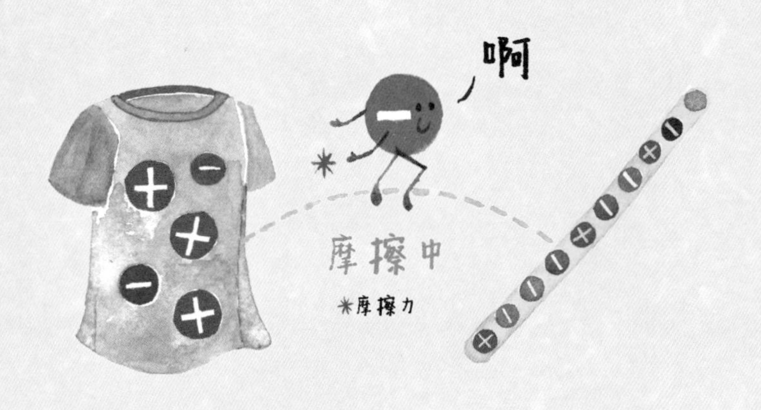

摩擦时，电子会被摩擦到吸管上。电子非常非常小，比组成一切的原子还要小得多。每个电子都带一个负电荷，这就是吸管带负电荷的原因。

当物体以这种“静电”的方式“充电”时，它们可能会吸引或排斥其他物体。这与磁铁吸引或排斥其他物体的方式相似，但并不相同。

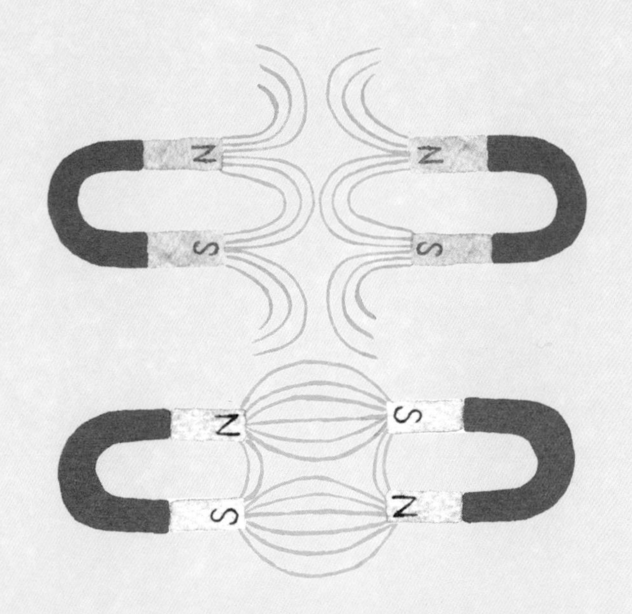

如果两个物体带相反的电荷，它们就会相互吸引。

如果两个物体带相同的电荷，它们就会互相排斥。这就是为什么两个通过相同摩擦方式充满电的吸管互相排斥的原因。

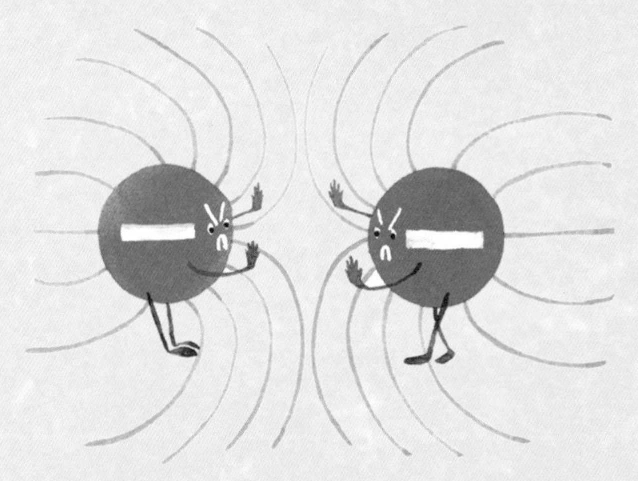

带电荷的吸管被手“吸引”，是因为吸管带负电荷，而手带正电荷。水、铅笔和其他物体都能被吸管吸引，原理也是这样。

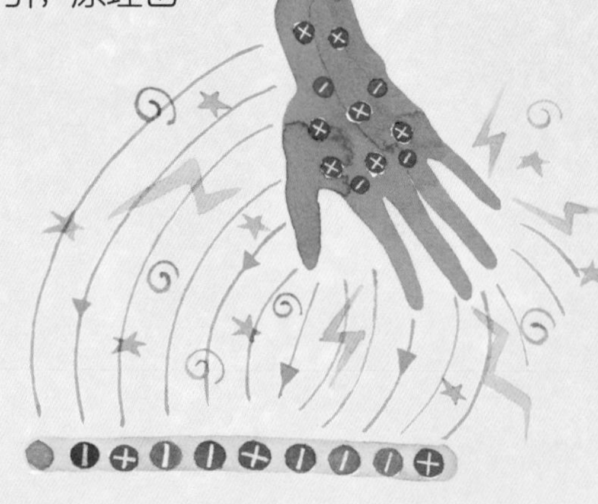

微观粒子

乐高是世界上最受欢迎的玩具品牌之一，乐高公司至今生产了许多塑料小模块。如果平均分配，地球上的每个人都可以得到近100块。

乐高的魅力之一就在于，你用它做的任何物体都可以拆解后再组装成新的物体。值得注意的是，这非常类似于自然界的构建方式——世界上的一切物质都是由分子、原子等微观粒子构成的，尽管在日常生活中无法明显感知，但有些微观粒子可以彼此分离，重新排列成新的物质。

冰融化成水、食材被做成蛋糕、植物从空气中吸收二氧化碳并释放氧气，以及我们周围发生的无数其他过程，都会发生这样的重组变化。

本章的实验都发生了奇妙的变化，这些可以用“物质是由微观粒子构成的”这一理论来解释。

分子运动员

分子和原子等微观粒子都很小，我们用肉眼根本无法直接看到它们。如果把一个苹果放大到和地球一样大，这时苹果里面的原子就和原来的苹果差不多大。遗憾的是，我们并不能做到这一点。其实我们不必看到分子或原子后才确认它们存在——相反，我们可以间接地观察它们。

本节这个实验向我们展示了分子运动。

实验材料

实验步骤

1. 实验开始之前，在两个杯子里装上容量大致相同的水，一杯放到冰箱里，另一杯放在室温环境下，放置1小时以上。

2. 准备完成后，再拿一个杯子并倒进热水，容量和前两个杯子大致一样。

3. 小心地往室温水中滴几滴食用色素，看看会发生什么。

20℃

? 为什么使用等量的水很重要？你如何确保在每种情况下使用相同容量的水？

3

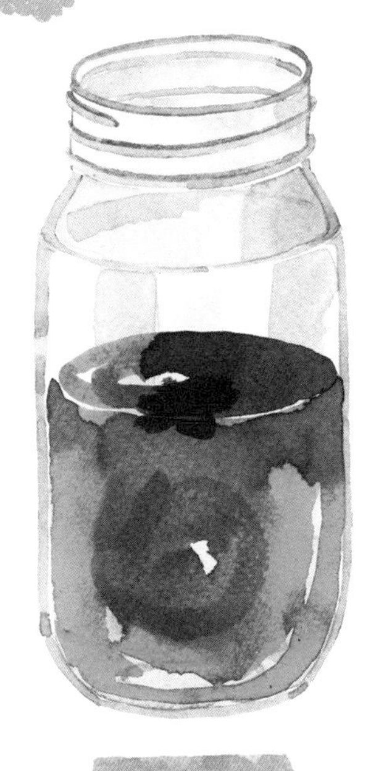

如果把食用色素放入**冷水**或**热水**中，会发生什么？分别试一下。

温度对水分子有什么影响？说说你的想法。

爸爸说

使用相同类型容器（杯子或罐子）、等量的水，都有助于实验的“公平性”。冷水、常温水和热水的主要区别是温度。在日常生活中，知道某种物体的温度是很有用的，这样我们就不会因为接触到过热的物体而被烫伤。温度的定义是与物质中分子运动的速度密切相关的，温度越高，分子运动越快。

固体、液体和气体中的分子始终在运动；它们的能量越大，运动得就越快。当我们把食用色素放入热水中时，水的颜色变化比食用色素放入冷水时要快得多。因为热水中的水分子移动得更快，这就意味着它们能使食用色素分子更快地扩散。

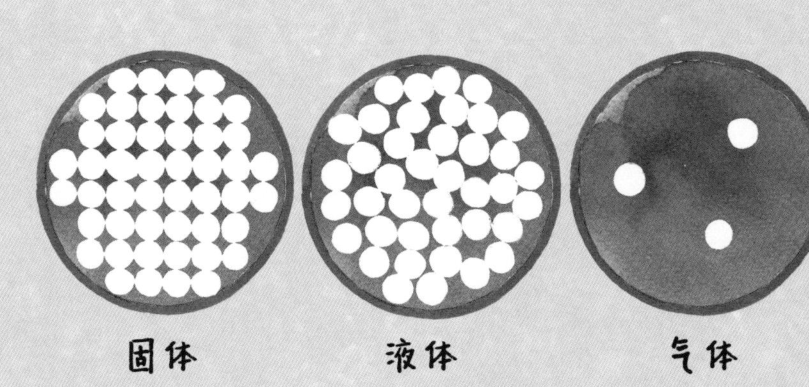

蛋糕魔术师

把一个物体变成另一个物体似乎很神奇，但生活中我们每天都在做一件类似的神奇活动：烹饪。我喜欢烹饪，将面粉或小扁豆等不能直接食用的原料做成美味佳肴，像烤饼或豆汤。烹饪不只是像在做化学实验一样，而通常就是真正的化学实验。将原材料做成美味食物的许多过程都是化学反应，本节这个实验会让你亲眼见证奇迹。

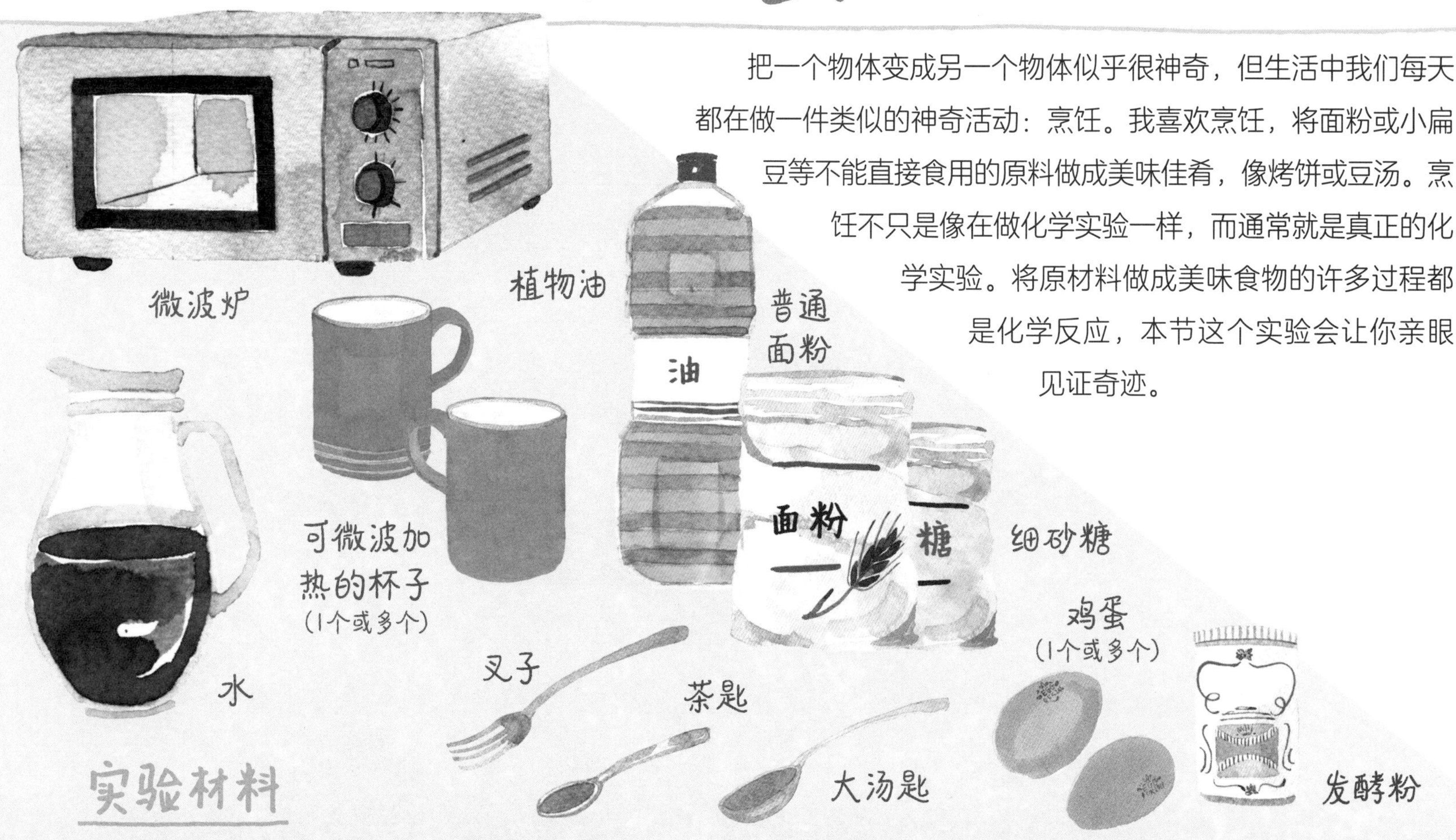

实验材料

实验步骤

1. 将以下食材放入杯子中：
   - 4汤匙普通面粉
   - 2汤匙细砂糖
   - 1/4茶匙发酵粉
   - 1个鸡蛋
   - 2汤匙植物油
   - 2汤匙水
2. 用叉子将食材搅拌均匀，确保杯底没有面块。

?搅拌均匀的面糊看起来、摸起来或尝起来的感觉怎么样？
怎么做才能把面糊变成蛋糕？

!
3. 将杯子放在微波炉中，用最大功率加热2分钟。
4. 将杯子取出，使其冷却。

你可以直接就着杯子吃掉蛋糕，但是，如果想要仔细研究的话，可以先将蛋糕拿出来，放到盘子里。

？ 现在，蛋糕看起来、摸起来或尝起来的感觉怎么样？

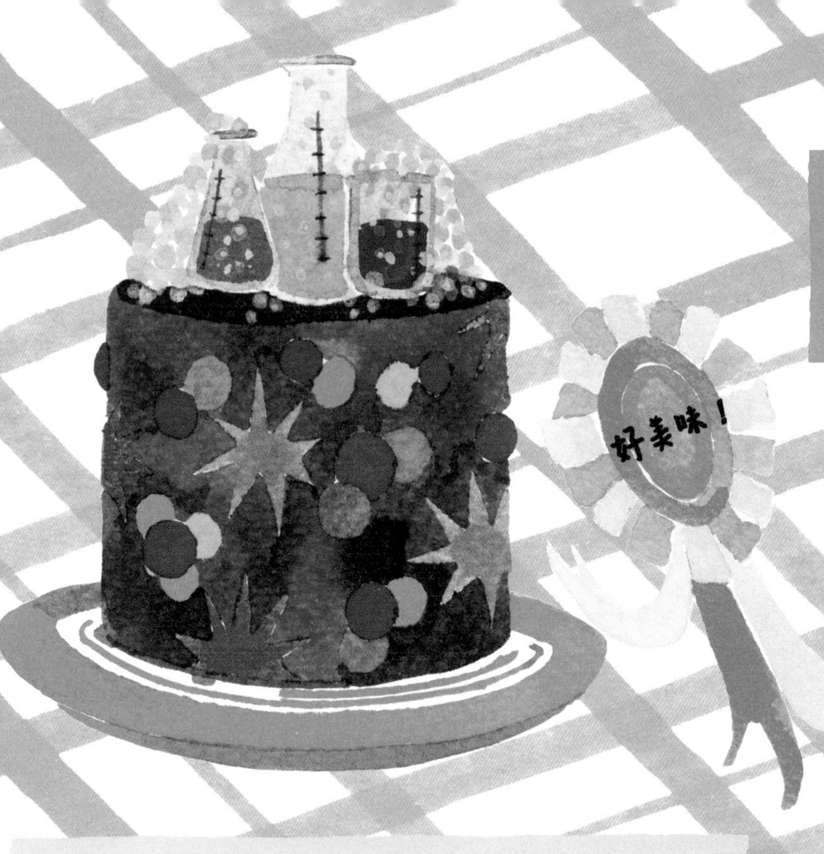

如果蛋糕混合物中不添加**鸡蛋**或**植物油**，会怎么样？

比萨斜塔蛋糕

如果你有足够的食材，你可以试着每次减少一种原料，看看哪种蛋糕最好吃。

松饼

戈壁甜品

彩虹蛋糕

爸爸说

把原料充分混合有助于原料成分的融合，做好反应准备。

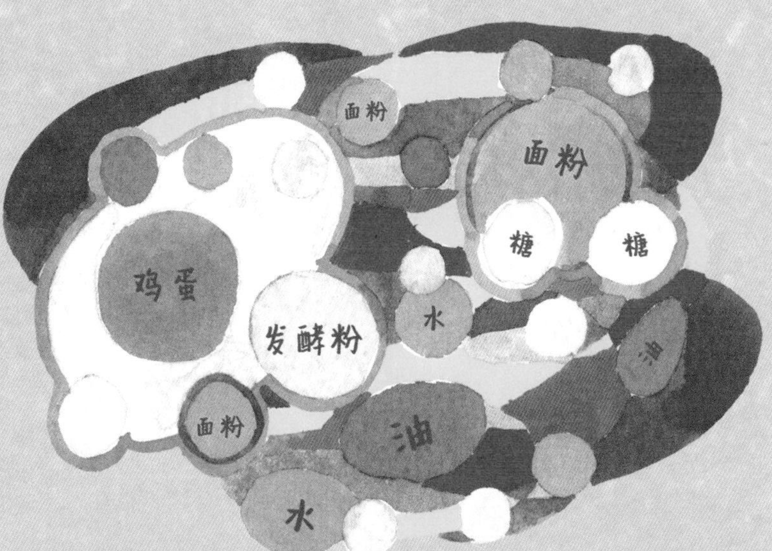

微波提供了发生化学反应所需的能量，把混合物变成蛋糕。

植物油覆盖了其他所有食材。如果不添加油料，其他原料加热后会变干，剩下的就是干蛋糕了。

发酵粉中含有的化学物质会在烹饪时产生二氧化碳气体，气体被封在蛋糕里，使蛋糕变得松软。不加发酵粉，将会做出一个扁平的蛋糕。

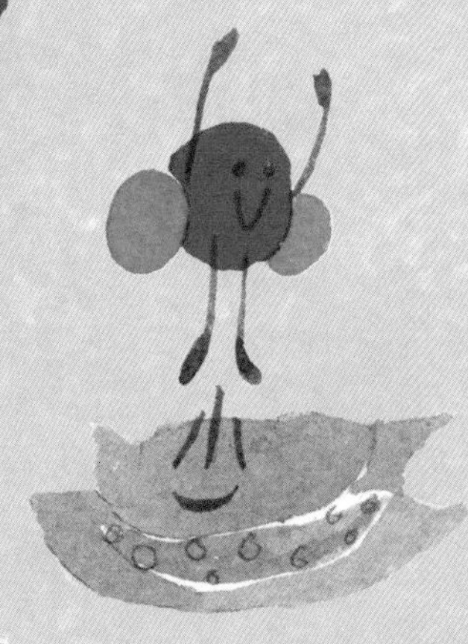

不添加鸡蛋的蛋糕内部没有多少结构。这是因为鸡蛋含有长链状分子（蛋白质），当蛋糕熟时（类似于鸡蛋煎熟或煮熟时），这些分子会散开并在蛋糕内部形成新的坚硬且牢固的结构。

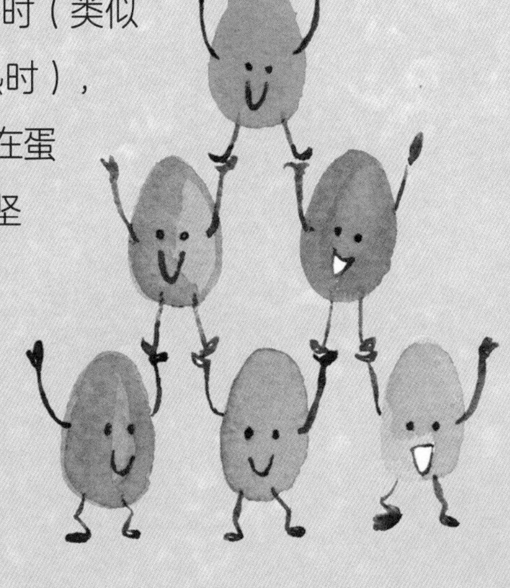

气球充气机

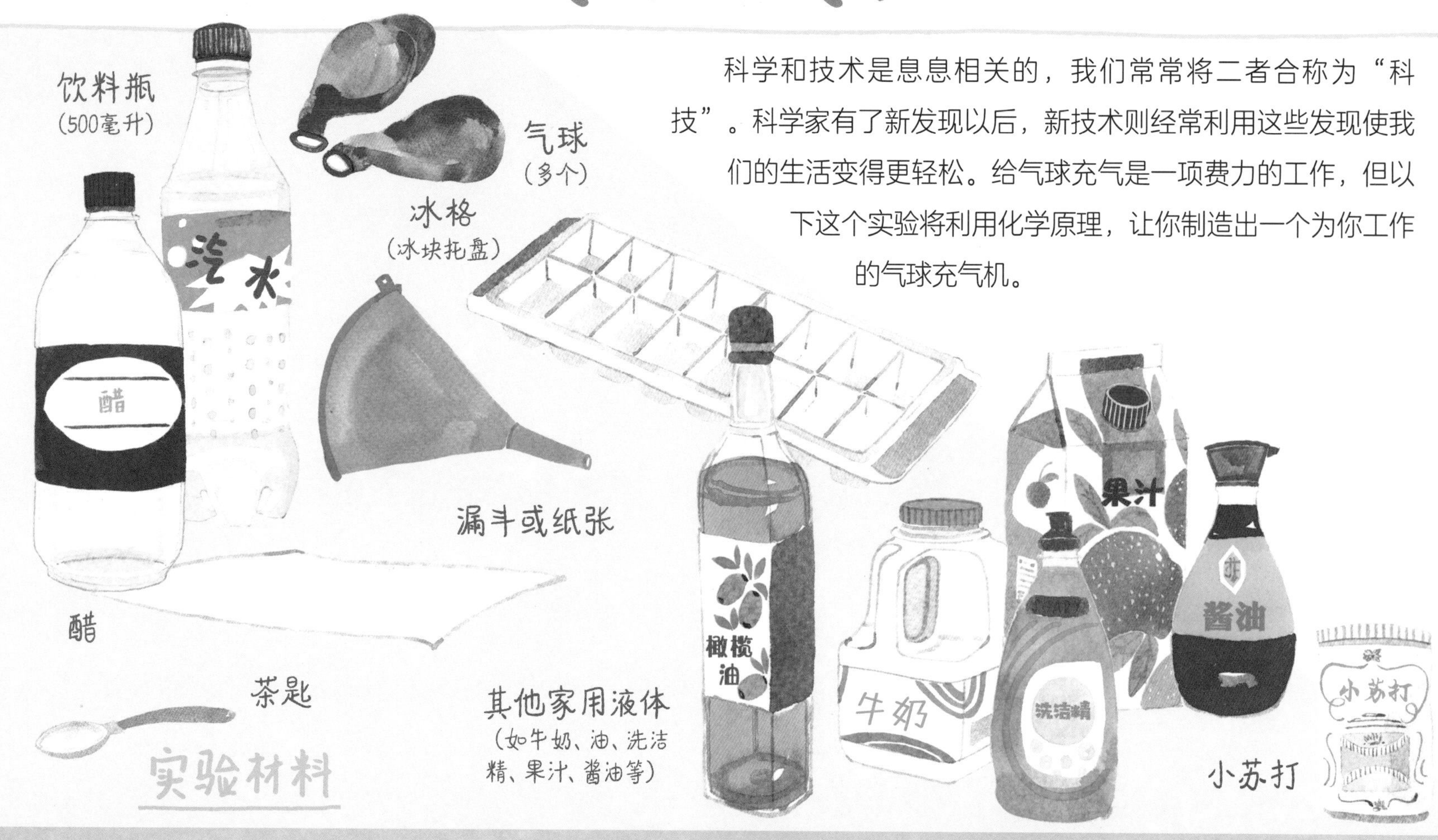

科学和技术是息息相关的，我们常常将二者合称为“科技”。科学家有了新发现以后，新技术则经常利用这些发现使我们的生活变得更轻松。给气球充气是一项费力的工作，但以下这个实验将利用化学原理，让你制造出一个为你工作的气球充气机。

实验步骤

第一部分

1. 准备一个冰块托盘，每个冰格倒入不同的家用液体，半个冰格的容量即可。

2. 用勺子舀一点儿小苏打倒入其中一个有液体的冰格，会发生什么呢？对冰块托盘里的每一种液体都进行这个步骤，试着在每一种液体里加入等量小苏打。

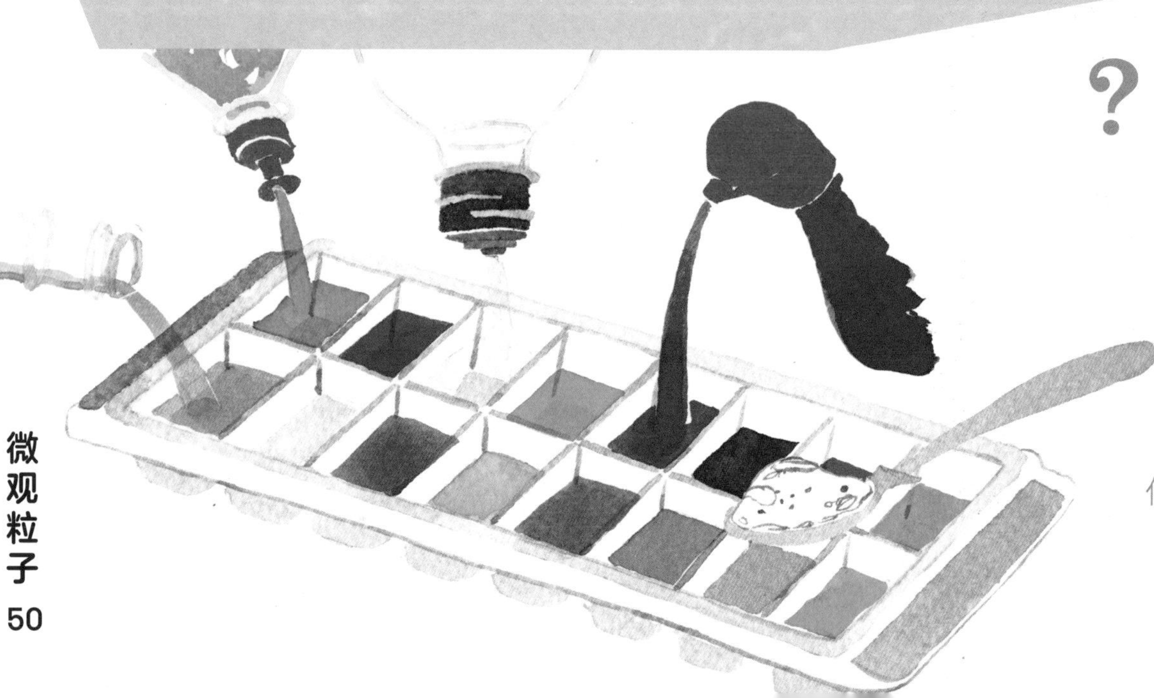

？如果有气泡生成，你认为气泡里面是什么？

哪一种液体产生的气泡最多？

这些液体加入小苏打后会发生化学反应，它们有什么相同之处？

第二部分

1. 拉伸气球，做好准备。

2. 把醋倒进瓶子里，容量为瓶子的1/3即可。

3. 把漏斗（用纸卷成的也可以）伸进气球口，用勺子把小苏打舀到漏斗里，直到装满气球的一半。

4. 把气球口套到瓶口上，注意不要把小苏打撒到醋里。

5. 把气球举起来，让小苏打掉进醋里，开始给气球充气。

如果添加**更多**的小苏打，会怎么样？

有的时候，当我们把两种或两种以上的物质混合在一起后会发生反应，并产生一种新的物质，这叫作化学反应。当把小苏打添加到一些液体里时，它会与液体发生反应并产生二氧化碳气体（CO_2）。

我们听到的嘶嘶声是二氧化碳在液体中逸出时产生的气泡发出的，有点像我们用吸管喝饮料。

小苏打并不能与所有液体发生化学反应。你可能会注意到与它发生反应的液体有一些共同点：有酸味或“刺激性”味道。这些液体像醋一样，被科学家称为“酸性液体”。

在这个实验中，小苏打与醋进行化学反应后产生的气体被困在气球中。这与烹饪中使用小苏打的方式相似——小苏打发生反应时产生的气体被困在面包或蛋糕中，使它们变得松软可口。

菜汁指示剂

自然界的物体往往具有人类用感官无法探测的特性，但科学让我们打破了这一局限性。如果你曾经做过血液检验，你就会知道，科学家可以通过分析物质来告诉我们是否患有某种特定的疾病或者饮食是否适当。

这一节的实验通过利用日常食物的特性，展示我们在家里也可以做的一些令人惊讶的基本化学分析。

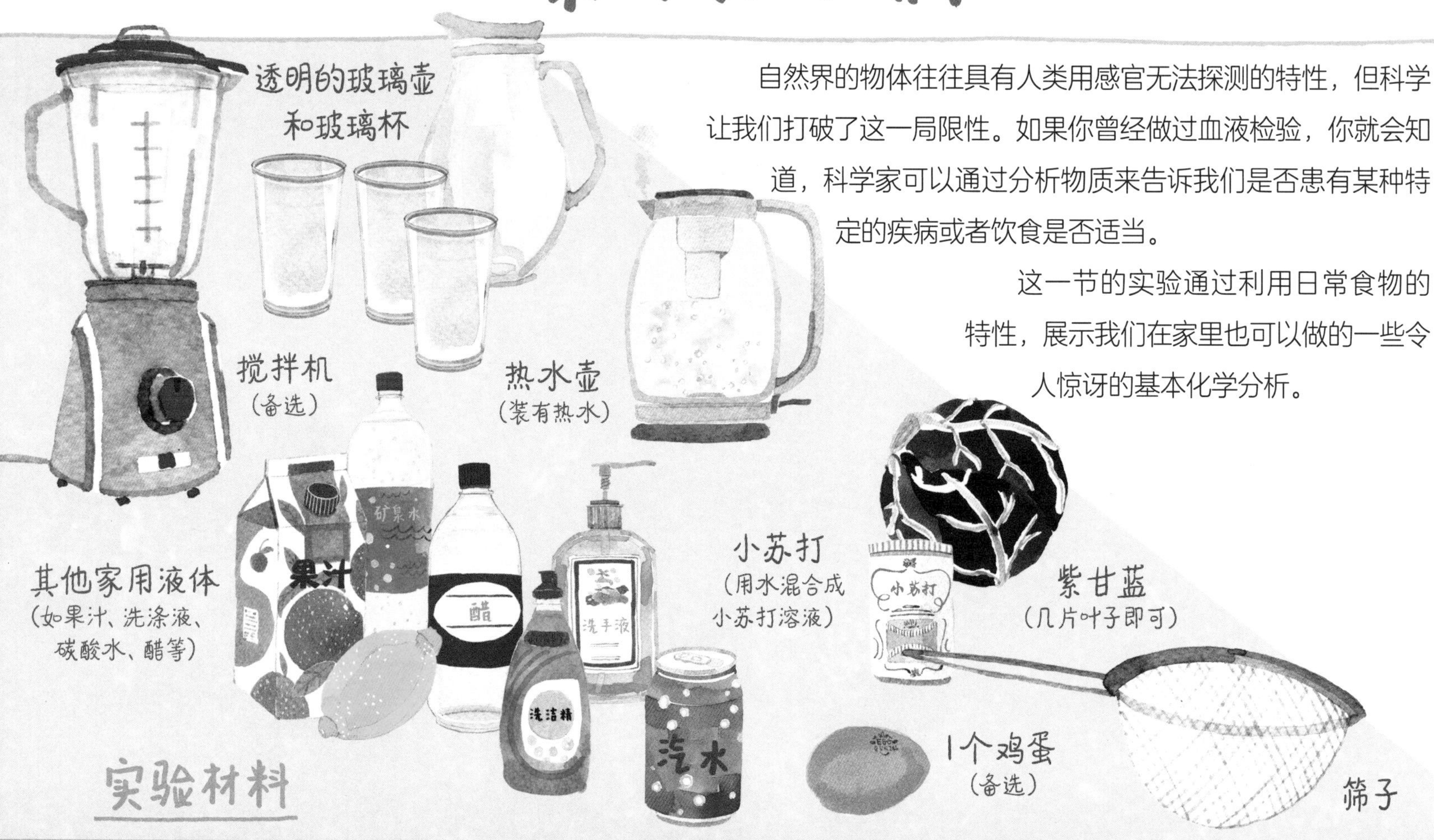

实验材料

实验步骤

1. 如果你有搅拌机，放一把切碎或撕碎的紫甘蓝叶进去，再加一些冷水，然后把菜叶和水充分搅拌，直到水变成深紫色。把搅拌机里的紫色液体用筛子过滤后倒入玻璃壶，以便从中分离剩余的碎叶片。向紫色液体中加入等量的水，这样就能得到原来两倍的液体。现在开始做实验。

如果没有搅拌机，把紫甘蓝叶切碎或者撕成小块，浸泡在滚烫的热水里。待液体冷却后使用。

2. 倒一些紫色液体到玻璃杯里（ 最多半杯 ）。

3. 慢慢地倒一点儿醋到紫色液体中，如果没有立即发生变化或没有明显的变化，再多加一些醋。

4. 用其他液体重复以上步骤，注意每次用一个新杯子，看看不同的液体对紫甘蓝菜汁有什么影响。

5. 如果有鸡蛋或小苏打溶液，加进去试试。

你注意到那些使紫甘蓝菜汁变红的液体和那些使紫甘蓝菜汁变蓝或变绿的液体了吗？它们有什么异同？

一旦你确定了使紫甘蓝菜汁变红或变蓝的液体，把它们**混合**在一起，看看会发生什么。是否有可能使菜汁恢复到原始颜色？

试着用紫甘蓝菜汁和不同的物质做一个玻璃杯**彩虹**。

爸爸说

当把紫甘蓝放入水中时，一些使它变成红色（或紫色）的化学物质会溶解在水中。这些化学物质被称为“花青素”。提取这些化学物质的方法很简单，就是把紫甘蓝浸泡到热水里。

当紫甘蓝菜汁与不同的液体混合时会发生化学反应，从而改变颜色。我们看到的颜色变化取决于我们测试的液体的性质。我们称紫甘蓝菜汁之类的液体为“指示剂溶液”，因为它们能告诉我们其他物质的化学成分。

在这个实验里，使紫甘蓝菜汁变红的物质被科学家归类为酸性物质，而使紫甘蓝菜汁变蓝或变绿的物质则被归类为碱性物质。在家里，味道强烈的物质（例如橙汁和醋）往往呈酸性。

酸性　　中性　　碱性

强　　弱　　弱　　强

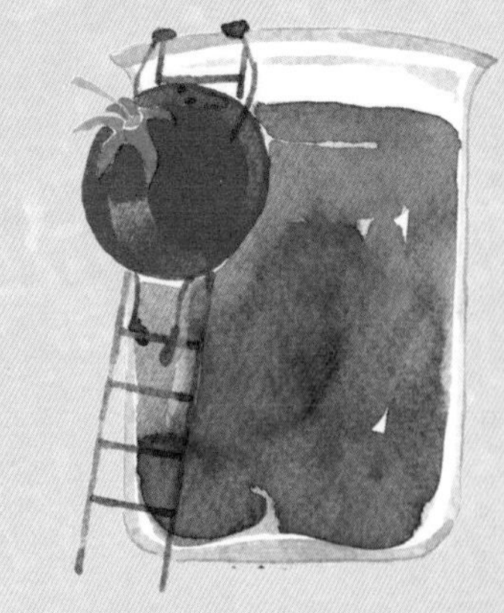

生物

当我写这部分内容的时候，全世界的科学家都在兴奋地讨论着新发现的“比邻星b”——比邻星（Proxima Centauri）的一颗行星。比邻星是离我们太阳系最近的恒星，太阳系外也发现了其他行星，但“比邻星b”可能具有适合生命繁衍的环境。就目前来看，在其他星球上找到类似地球上这样丰富多样的生物是不太可能的。

我们的地球家园可能是太阳系中，甚至是整个宇宙中唯一生命繁盛的星球。火星上的一些裂缝里可能有一两种细菌，在木星的卫星欧罗巴（Europa）的海底可能有原始水下生物，但我们目前掌握的所有证据都表明，地球上复杂的、高度进化的生命是独一无二的。其他地方的生命可能与我们想象的完全不同，但科学家们相信，如果证据充分，他们是能够识别其他生命的。

了解生物给科学家们带来了不同于研究化学反应或物理过程的挑战。我选择了下面的实验来展示科学家们发现的关于生物及其生命运动的内容。

认识花朵

花是自然界中最美丽的生物之一，它能结出许多动物赖以为生的种子和果实，而这就与一朵花在植物生命中所扮演的角色有关——繁殖。我们通常只注意观察花的外表，而这个实验会带你去了解花的内部结构。很多时候，只有将物体打开并仔细研究，才能更好地了解它。

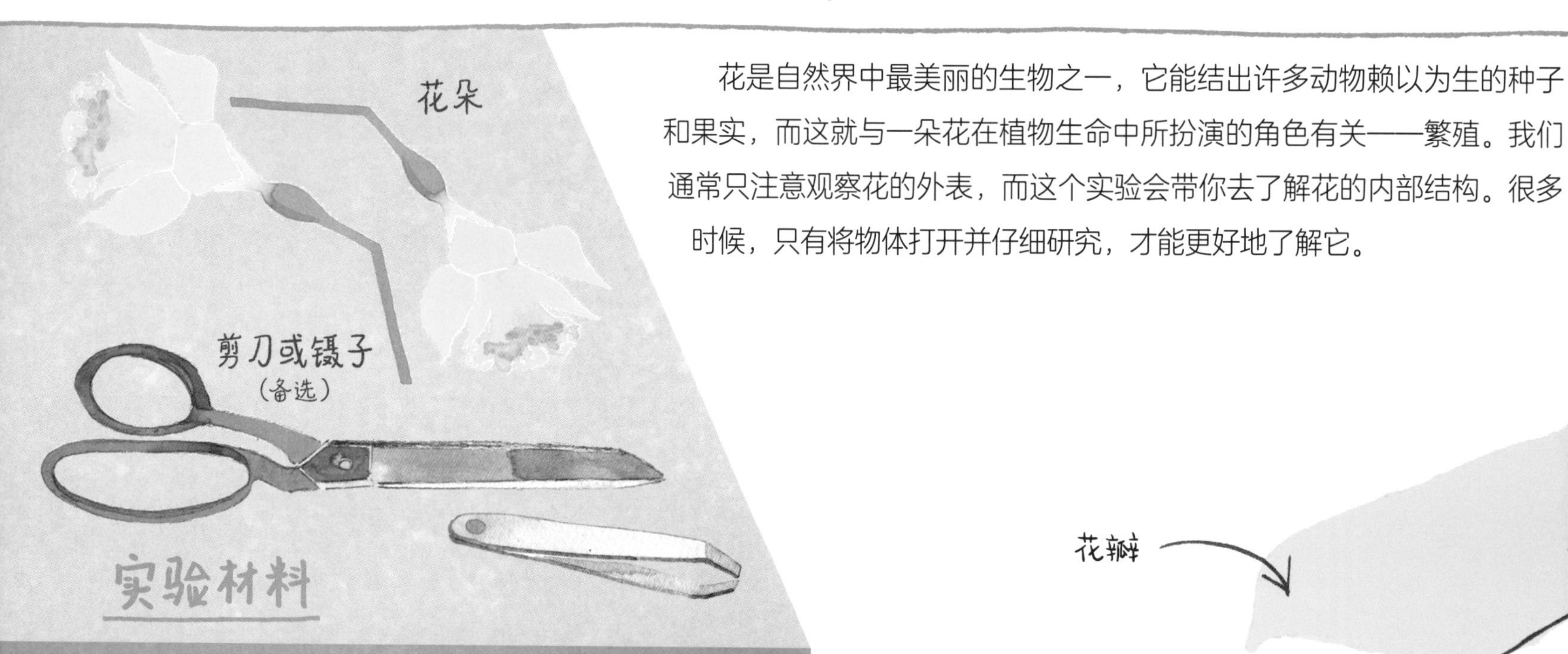

实验材料

实验步骤

1. 看一下右侧花朵的解剖图。这是一幅简图，展示了大多数花朵所具有的典型特征。

2. 建议你找到一朵花，用手指或镊子小心地把外面的花瓣从一侧移开，然后仔细检查里面的花瓣。

3. 参考右图，尝试绘制花朵解剖图，尽可能地标记你认识的花朵特征。

4. 接下来，你可以尝试把花的每一部分都分离开进行研究。如果想了解更多的内容，可以阅读下页的“爸爸说”。

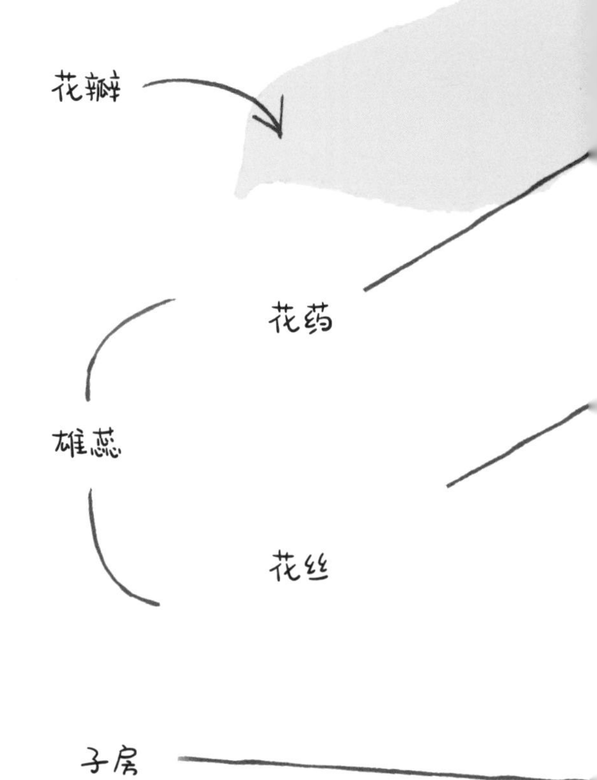

？ 你的花和右侧的花朵解剖图有什么**异同**？

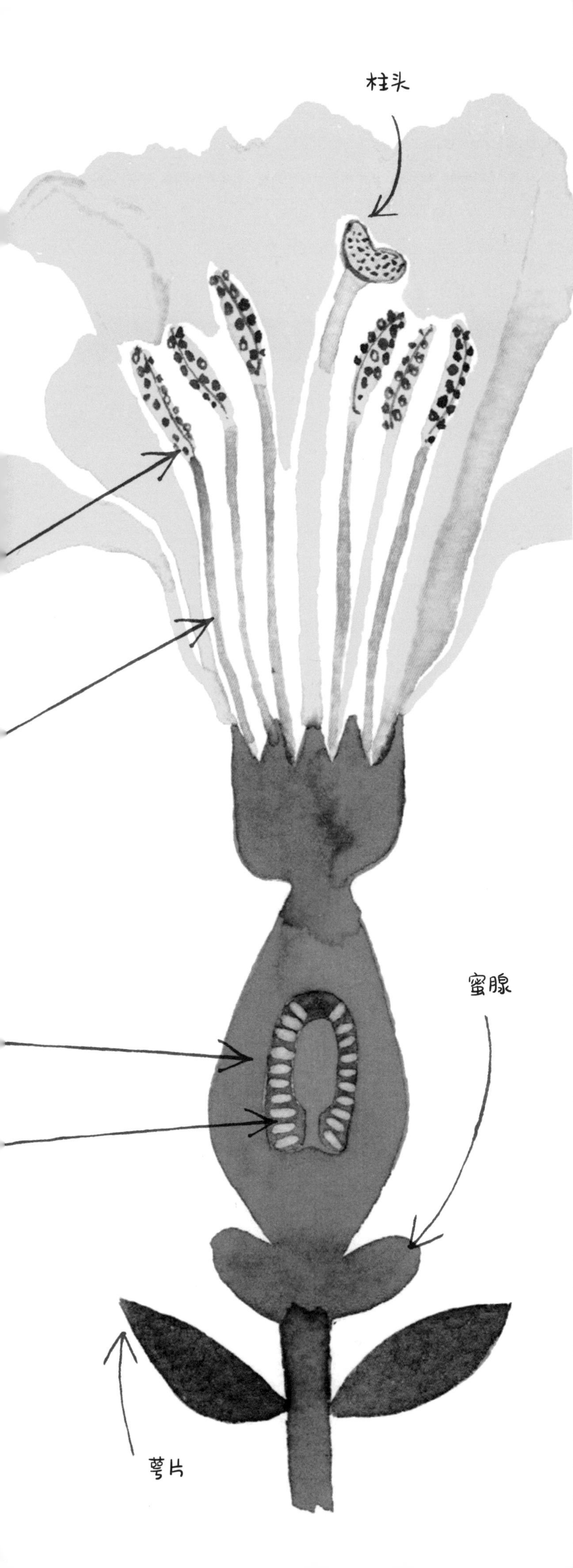

爸爸说

世界上有无数种花，形状各异，大小有别，但大多数花都具有左侧图示的结构。花朵的每一个部位都有独特的作用：

萼片

在花朵开放前起保护作用。

花瓣

保护花的内部；大多数花的花瓣颜色都很鲜艳，因此能够吸引昆虫和其他动物。

雄蕊

包括花药和花丝两部分。其中，花药由花粉粒（雄性生殖细胞）构成。

柱头

收集雄性花粉的部位，通过花柱连接子房。

子房

子房内有胚珠，胚珠内含雌配子（雌性生殖细胞）。

蜜腺

分泌蜜汁（主要用于吸引昆虫）的外分泌腺组织。

发现生命

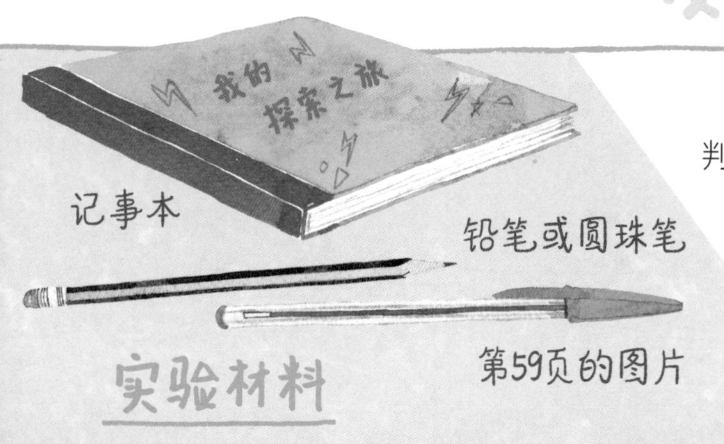

实验材料

你怎么判断一些物体是否具有生命？你可能觉得自己可以“凭感觉判断”，但科学家们需要有准确的方法来检测生命的存在与否。无论出于什么原因，能够定义某种物体是否具有生命是非常有意义的——无论是关于其他星球上生命存在的判断，还是计算机等人造物体什么时候应该被看作“有生命的”论断等。

本节实验引导我们深度思考这个科学中最重要的问题之一。

实验步骤

1. 在记事本上写下标题：“生物的特征”。

2. 查看第59页的图片，分别选择三种生物、三种非生物。

3. 想想你如何判断哪些物体是有生命的，哪些不是。

4. 在记事本上写下你所选择的生物的共同特征，当然非生物不能具有这些特征，譬如图中有些物体可以自己移动，而有些不能，所以你可以把“自己能移动”作为一个特征。

5. 再选三对生物和非生物，重复上述步骤，尽量找出前面没有写过的特征。

6. 重复操作，完成所有图片的判断和分析。

？

查看你的特征列表，哪些特征是生物具有的**独特特征**？

如果有，你认为只需要**一种特征**就可以判断一个物体是否为生物吗？

如果不是，你认为**至少**需要几种特征能确认一个物体是生物？这些特征是什么？

爸爸说

你可能已经从中发现，没有任何单一的特征是所有生物共有的，也没有任何单一的测试方法能确定一个物体是生物还是非生物。这可能会让你倍感惊讶。“生命是什么？”这个看似简单的问题，在科学界至今还是存在争议的，甚至生物和非生物也不是泾渭分明的两类。

大多数情况下，我们可以使用以下被缩记为“格林夫人”（MRS GREN）的七个特征来识别生命体：

运动（M）——所有生物都可以自主移动（植物的向光性也是一种自主移动）。

呼吸（R）——生物细胞将有机物氧化分解并产生能量的化学过程。

感知（S）——所有生物都具有发现并应对环境变化的能力。

生长（G）——所有生物都会随着年龄的增长而变大或发生其他变化。

繁殖（R）——所有生物都可以生产出更多与它们同类型的生物。

排泄（E）——所有生物都会产生并清除废物。

营养（N）——所有生物都需要食物来维持生命。

巧育新芽

水

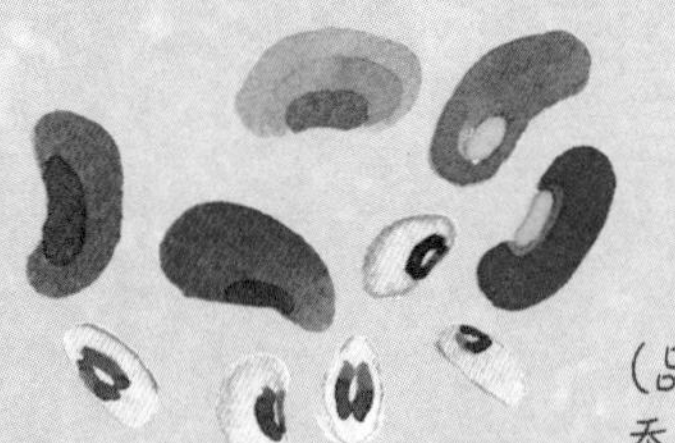

种子
（品质良好的豌豆或蚕豆，1个或多个）

玻璃杯或罐子

在距离北极点约1000千米的挪威斯瓦尔巴群岛上，在白雪覆盖的大山深处，建有非常知名的“世界末日种子库”。在它的地下仓库里储存着来自世界各地的成千上万种植物种子，以备全球物种遭受毁灭性打击时人类能够重建文明。

种子孕育着生命的奇迹：以最基本的生命成分和发育“密码”，可以繁育出青青绿草或参天大树。这个实验会让你见证植物种子发芽的神奇过程。

实验材料

实验步骤

1. 把厨房用纸揉成一团，放进玻璃罐中。

2. 慢慢将水倒入罐中，弄湿纸团。

3. 向下按一按纸团，并将多余的水挤出、倒掉，也可以向玻璃罐中多放些纸团来吸水，注意纸团可以弄湿，但不能浸在水中。

4. 沿玻璃罐内侧，用手指将种子向下推，一直推到罐高的1/2到1/3处，使种子被纸团压在罐内一侧，紧贴罐壁（如果有困难，可以借助铅笔或筷子等工具）。

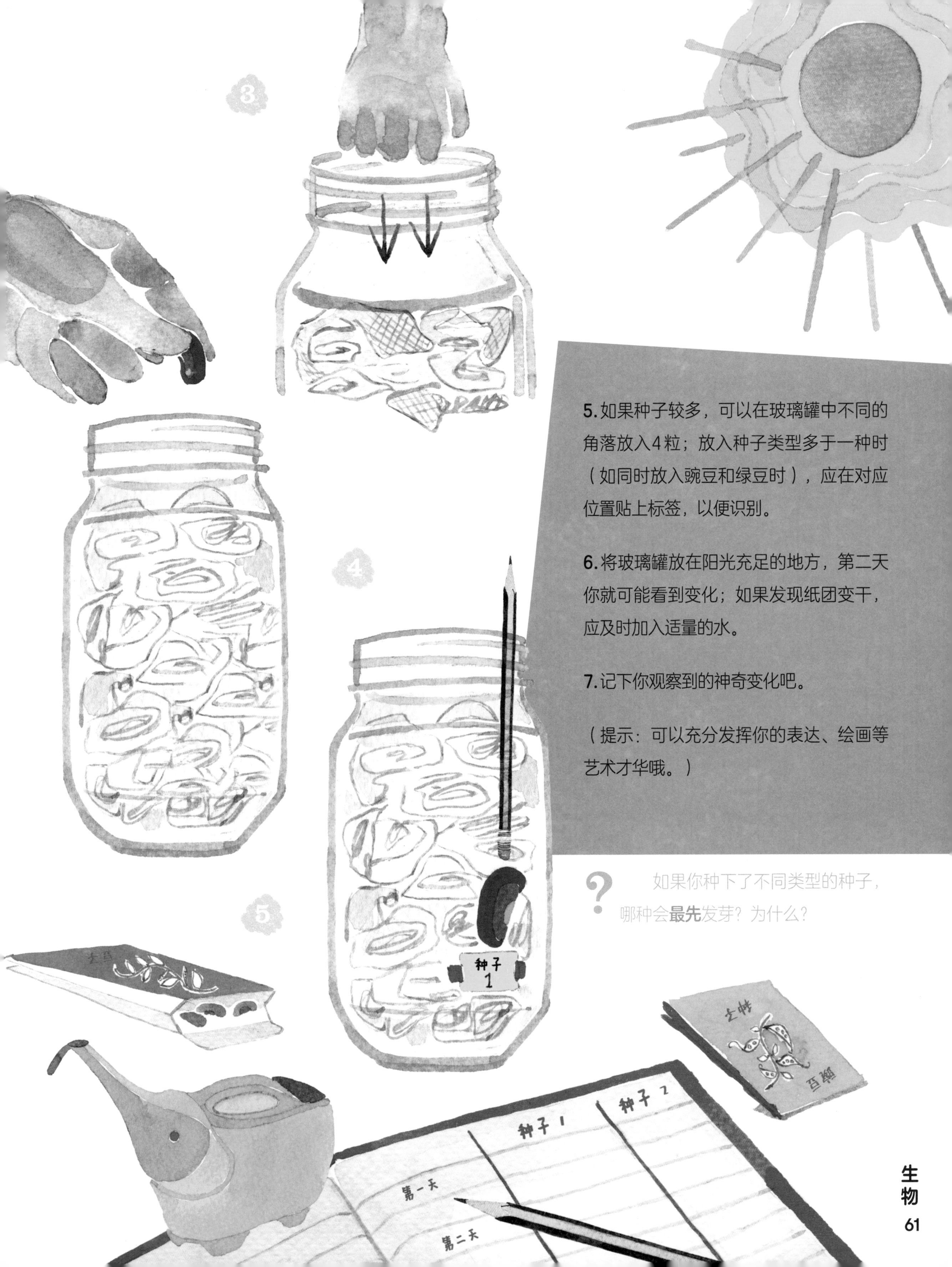

5. 如果种子较多，可以在玻璃罐中不同的角落放入4粒；放入种子类型多于一种时（如同时放入豌豆和绿豆时），应在对应位置贴上标签，以便识别。

6. 将玻璃罐放在阳光充足的地方，第二天你就可能看到变化；如果发现纸团变干，应及时加入适量的水。

7. 记下你观察到的神奇变化吧。

（提示：可以充分发挥你的表达、绘画等艺术才华哦。）

? 如果你种下了不同类型的种子，哪种会**最先**发芽？为什么？

如果你使用**干纸团**而不是湿纸团，会怎么样？为什么？

如果将玻璃罐放在**黑暗**的橱柜里，又会怎么样呢？

把种子放在**温度较低**或者**较高**的地方，会有区别吗？为什么？

小心地**切开**1个或多个你正在培植的种子，并绘制其内部结构图。如果你使用的种子类型不止一种，记下它们的**相同点**和**不同点**。

玻璃罐**里面**所有种子的成长情况都完全一样吗？为什么？

如果你在种子开始生长后将罐子**倒置**，会发生什么？

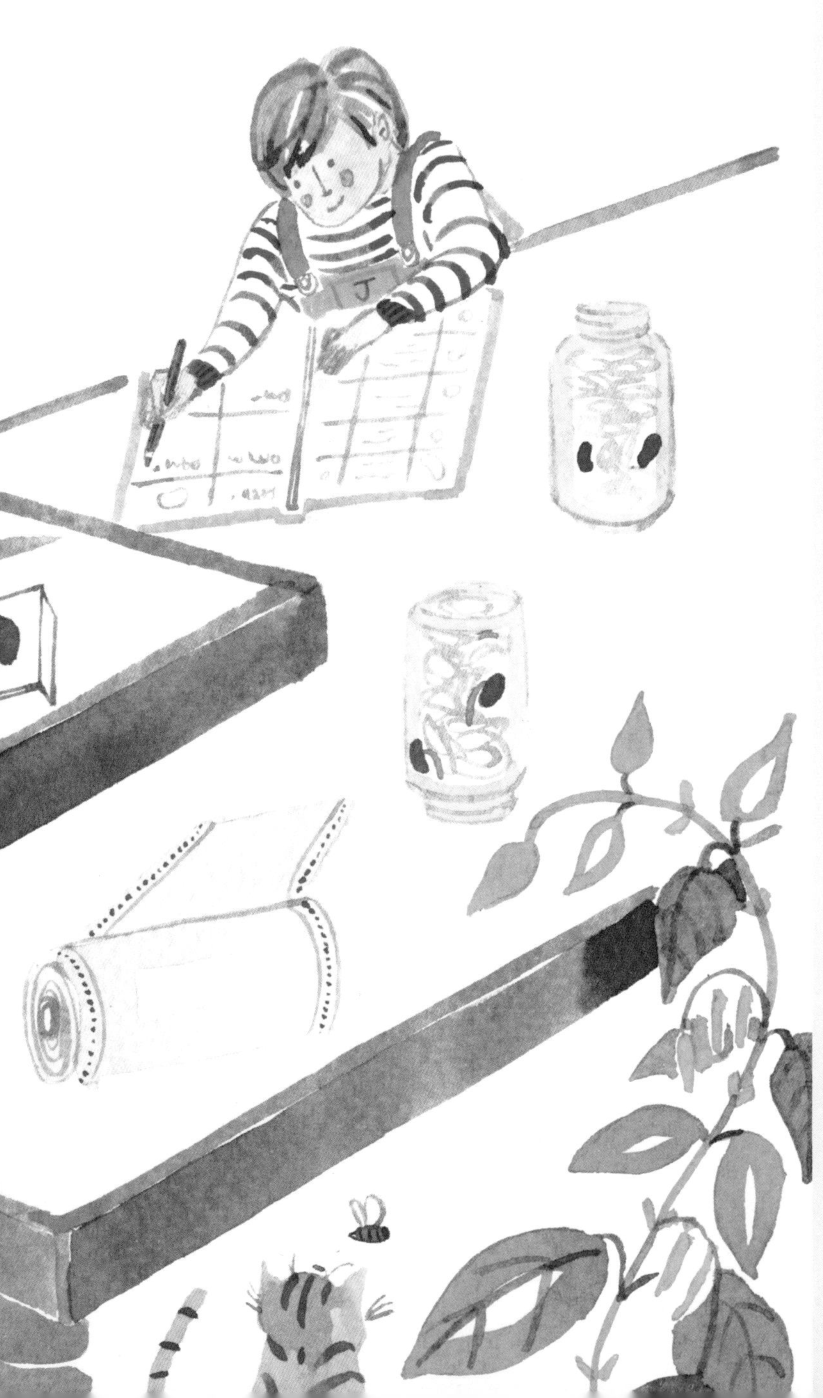

爸爸说

种子包含三个主要部分：种皮（保护内部物质的硬皮）、胚（包括胚芽、胚轴、胚根及子叶四部分）和胚乳（为胚初期发育和分化提供营养）。

发芽是种子成长的早期阶段，这时需要水、氧气、适宜的温度和光照，不同植物的种子具体需求有所差异。一旦条件具备，胚便开始生长，胚的根和芽将突破种皮，形成植物的根和茎，叶子长出后即可通过光合作用自主“制作食物”。

版权贸易合同登记号　图字：01-2020-3263

图书在版编目（CIP）数据

跟着科学家爸爸做实验 /（英）阿洛姆·沙哈（Alom Shaha）著；（英）艾米丽·罗伯逊（Emily Robertson）绘；胡良译. --北京：电子工业出版社，2021.3
ISBN 978-7-121-40295-1

Ⅰ.①跟…　Ⅱ.①阿…　②艾…　③胡…　Ⅲ.①科学实验－少儿读物　Ⅳ.①N33-49

中国版本图书馆CIP数据核字（2020）第265962号

责任编辑：王　丹　　文字编辑：冯曙琼
印　　刷：河北迅捷佳彩印刷有限公司
装　　订：河北迅捷佳彩印刷有限公司
出版发行：电子工业出版社
　　　　　北京市海淀区万寿路173信箱　邮编：100036
开　　本：787×1092　1/8　　印张：8　字数：159.6千字
版　　次：2021年3月第1版
印　　次：2021年3月第1次印刷
定　　价：88.00元

凡所购买电子工业出版社图书有缺损问题，请向购买书店调换。若书店售缺，请与本社发行部联系，联系及邮购电话：（010）88254888，88258888。

质量投诉请发邮件至zlts@phei.com.cn，盗版侵权举报请发邮件至dbqq@phei.com.cn。

本书咨询联系方式：（010）88254161转1823，wangd@phei.com.cn。